成功

Eureka Math®
1年级
模块 1–3

Great Minds PBC is the creator of Eureka Math®,
Wit & Wisdom®, Alexandria Plan™, and PhD Science™.

Published by Great Minds PBC. greatminds.org

Copyright © 2020 Great Minds PBC. All rights reserved. No part of this work may be reproduced or used in any form or by any means—graphic, electronic, or mechanical, including photocopying or information storage and retrieval systems—without written permission from the copyright holder.

ISBN 978-1-64929-249-0

1 2 3 4 5 6 7 8 9 10 CCD 25 24 23 22 21 20

Printed in the USA

学习•练习•成功

Eureka Math® 的学生教材 A Story of Units® (幼儿园到 5 年级) 可以在学习、练习、成功三合一课程中取得。本系列支持差异学习和辅导，同时保持学生教材条理清晰且易于使用。教育人员会发现学习、练习 和成功系列还具备连贯性的介入响应模式 (Response to Intervention / RTI)，因此学习更有效率，并提供额外练习和夏季学习资源。

学习

Eureka Math 学习可作为学生展示自己的想法、分享他们知道的内容、看著他们每天累积知识的课堂伙伴。学习通过容易存放和浏览的书册集合了每日的课堂作业—应用问题、退出票、问题集、模版。

练习

每堂 Eureka Math 课程从一系列充满活力、欢乐的掌握度活动开始进行，包括 Eureka Math 练习的内容。精通数学的学生可以更深入地掌握更多教材。通过练习，学生将掌握新习得的技能，并加强以前的学习，为下一堂课做准备。

学习和练习提供学生用于核心数学教学所需的所有印刷教材。

成功

Eureka Math 成功让学生可以独自学习并精通内容。每一课的额外习题集都与课堂的教学一致，因此非常适合当作家庭作业或额外练习。每个习题集都伴随一个家庭作业助手，它是一组说明如何解决类似问题的练习例题。

老师和导师可以使用前一年级的成功课本作为课程一致性的工具，以填补基础知识的落差。随着熟悉的模型促进与当前年级内容的联系，学生将蓬勃发展，并更快地进步。

学生、家庭和教育人员：

谢谢您加入 *Eureka Math*® 社区，我们在此赞扬数学带来的乐趣、美好和震撼。

没有什么比得过成功的满意——学生的能力变得越强，他们的动力和参与度就越大。*Eureka Math* 成功课本为学生提供所需的指导和额外的练习，帮助他们巩固基础知识并掌握新教材。

成功课本的内容是什么？

Eureka Math 成功课本提供与 *A Story of Units*®（单位的故事）并进的支持练习集。每个成功课程都从一个叫做家庭作业助手的例题集开始进行，说明建立课程理解所用的建构与推理能力。接下来，学生将通过一系列精心排序的问题进行支架性练习，从建立信心开始逐步进展到复杂的问题。

应该如何使用成功课本？

成功课本的精选集可作为差异化的教学、练习、作业或介入性学习。将 *Affirm*® 与 *Eureka Math* 的数字评估系统搭配使用，成功课程可以让教育人员进行有目标性的练习并评估学生的进步。成功课程可完美搭配单位的故事里使用的数学模型和语言，确保学生感受到与日常教学的连结性与相关性，不论他们是在学习基础技能还是在当前的主题上进行额外的练习。

在哪里可以了解更多 Eureka Math 的资源？

Great Minds® 团队致力于通过不断扩充的资源库为学生、家庭和教育人员提供强有力的支持。请访问：eureka-math.org 。该网站还在尤里卡数学社区提供了一些令人振奋的成功案例。通过成为尤里卡数学优胜者与其他用户分享您的见解和成就。

祝福您一整年都充满着美好的 Eureka 时刻！

吉尔·迪尼兹（Jill Diniz）
数学总监
Great Minds

目录

模块 1：10 以内的加减

主题 A：嵌入的数字和分解

第1课 3

第2课 7

第3课 11

主题 B：从嵌入的数字开始数

第4课 15

第5课 19

第6课 23

第7课 27

第8课 33

主题 C：加法文字问题

第9课 37

第10课 41

第11课 47

第12课 51

第13课 55

主题 D：计数的策略

第14课 59

第15课 63

第16课 67

主题 E：加法的共同特性和等号

第17课 71

第18课 75

第19课 79

第20课 83

主题F：发展10以内的加法掌握度

　第21课 87

　第22课 91

　第23课 95

　第24课 99

主题 G：未知加数的减法问题

　第25课 103

　第26课 107

　第27课 111

主题H：减法文字问题

　第28课 115

　第29课 119

　第30课 123

　第31课 127

　第32课 131

主题一：减法分解策略

　第33课 135

　第34课 139

　第35课 143

　第36课 147

　第37课 151

主题J：发展10以内的减法掌握度

　第38课 155

　第39课 159

单元2：通过20以内的加减法介绍数位值

主题A：用计数和造十来解决结果未知和总数未知问题

　第1课 167

　第2课 171

　第3课 175

　第4课 179

　第5课 183

第6课 187

第7课 191

第8课 195

第9课 199

第10课 203

第11课 207

主题B：用计数和从十减去来解决结果未知和总数未知问题

第12课 211

第13课 215

第14课 219

第15课 223

第16课 227

第17课 231

第18课 235

第19课 239

第20课 243

第21课 247

主题C：解决改变或加数未知问题的策略

第22课 251

第23课 255

第24课 259

第25课 263

主题D：把十三到十九分解为1个十和一些一的各种问题

第26课 267

第27课 271

第28课 275

第29课 279

单元3：把长度测量作为数字进行排序和比较

主题A：长度测量的间接比较

第1课 285

第2课 289

第3课 297

主题B：标准长度单位

第4课 305

第5课 311

第6课 317

主题C：非标准和标准长度单位

第7课 321

第8课 325

第9课 329

主题D：数据解释

第10课 335

第11课 339

第12课 343

第13课 347

1年级模块1

单位的故事　　　　　　　　　　　　　　　　　　　　　　　第一课家庭作业助手　1•1

1. 圈出 5 个。然后建立一个数字链。

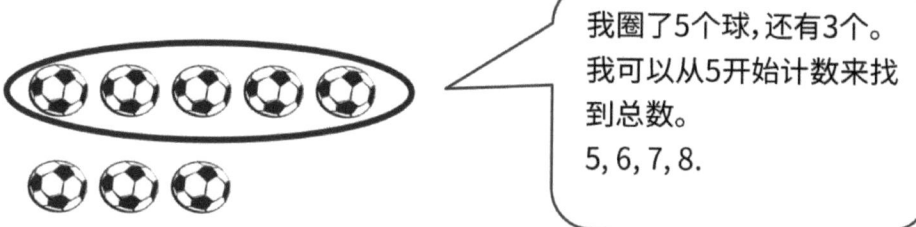

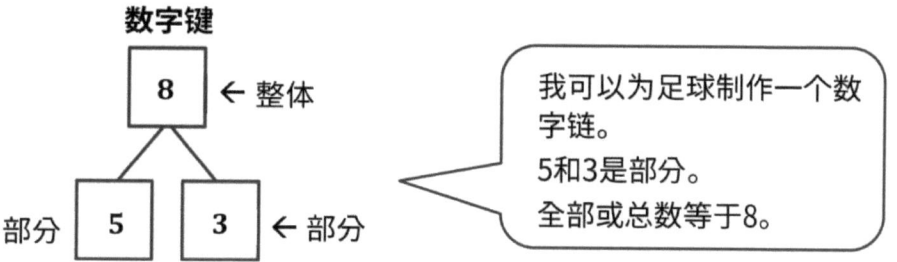

2. 把骨牌做成数字链。

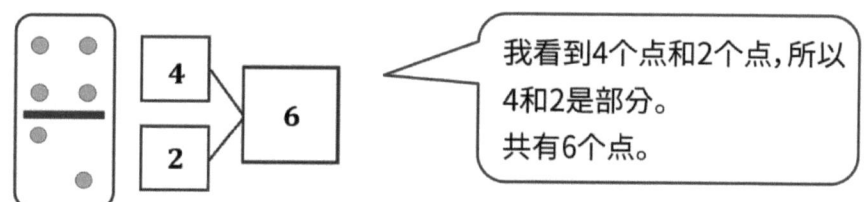

第一课：　用 5-群组和数字链来分析和描述嵌入的数字（到10）。

单位的故事   第一课家庭作业 1•1

姓名 _____   日期 _____

圈出 5 个，然后建立一个数字链。

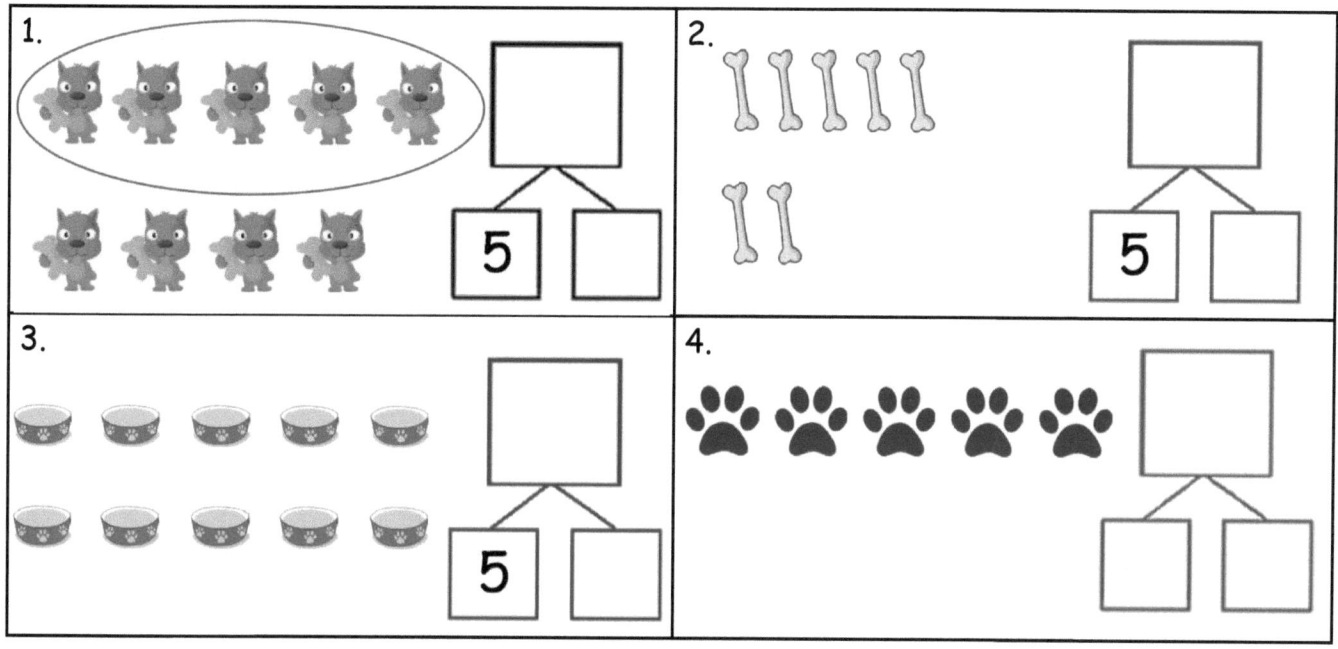

建立一个一部份是 5 的数字链。

5.
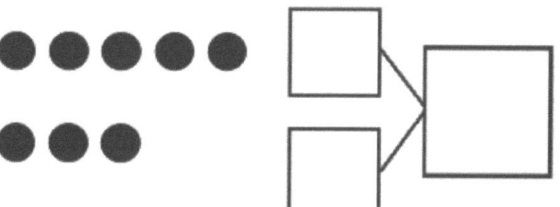

6.
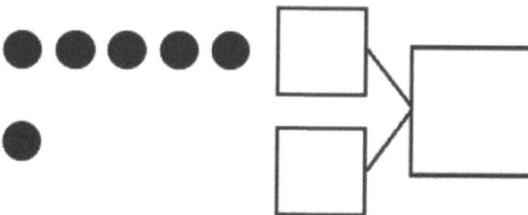

7.
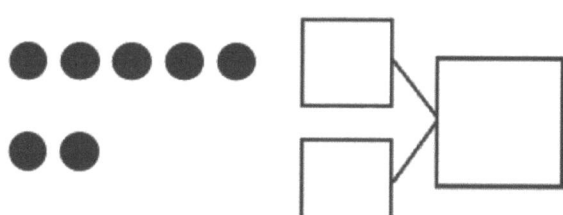

8.
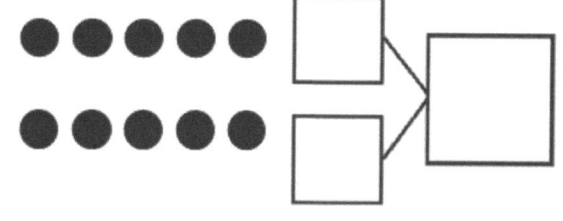

第一课： 用 5-群组和数字链来分析和描述嵌入的数字（到10）。

把骨牌做成数字链。

9.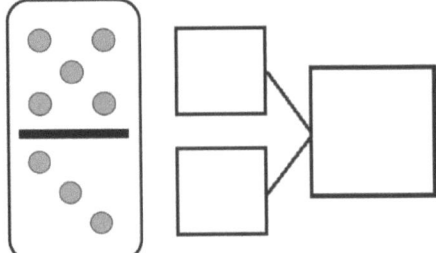

10.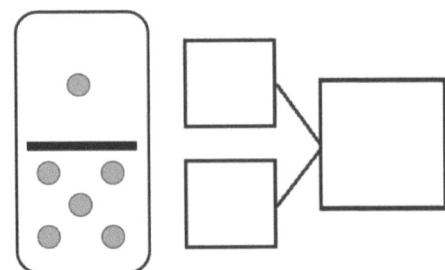

11.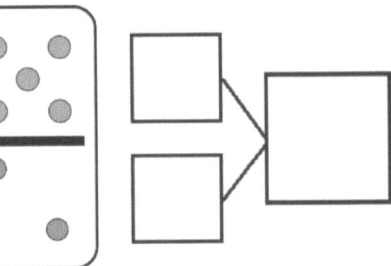

12.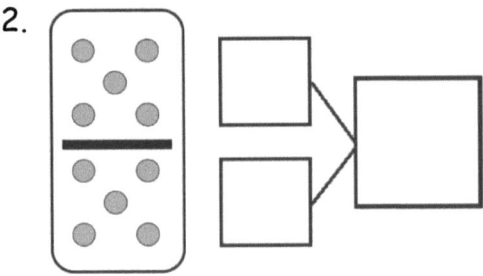

圈出 5 个并且计数。然后建立一个数字链。

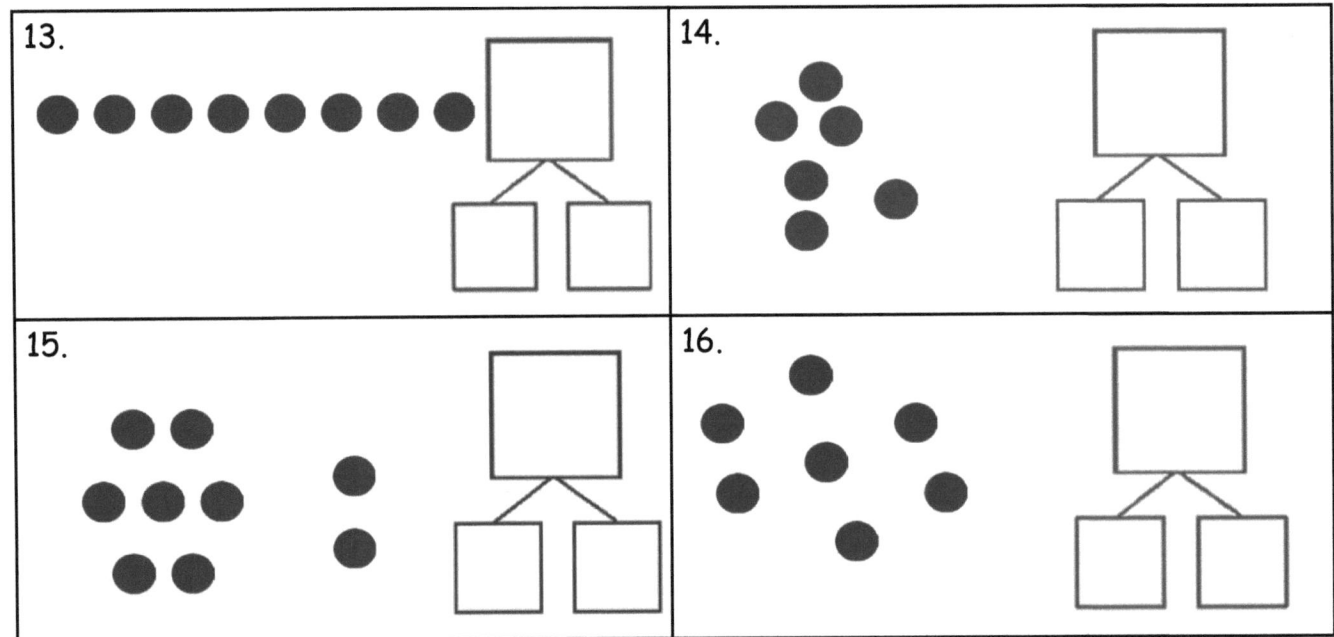

单位的故事 第二课家庭作业助手 1•1

1. 把你看到的 2 个部份圈起来。建立一个匹配的数字链。

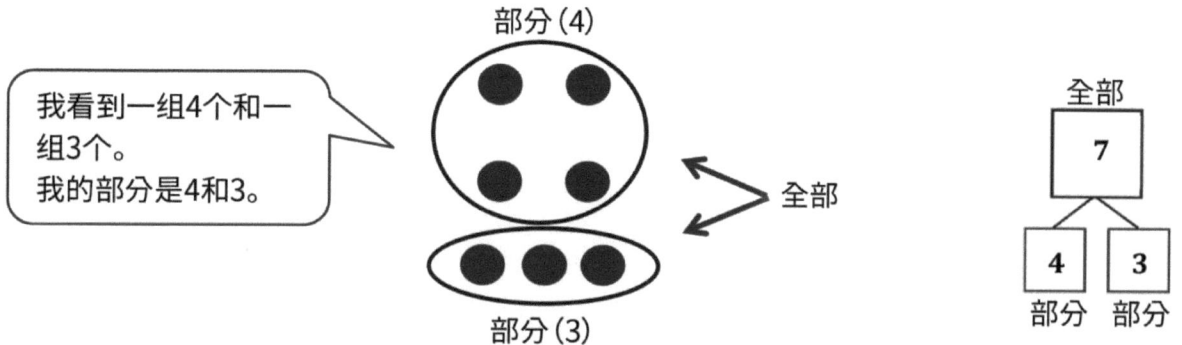

2. 你看到多少水果？至少写出 2 种不同的数字链来表示分解总数的不同方式。

第二课： 用数字链解释各种排列里嵌入的数字。

姓名 _____   日期 _____

把你看到的 2 个部份圈起来。建立一个匹配的数字链。

1.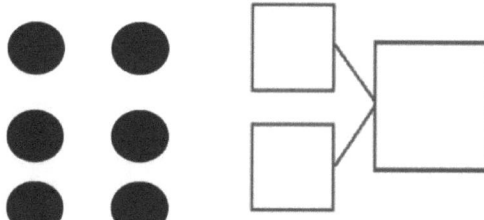

2.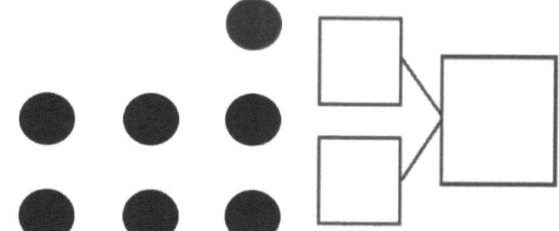

3.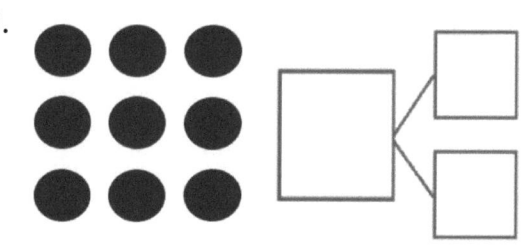

4.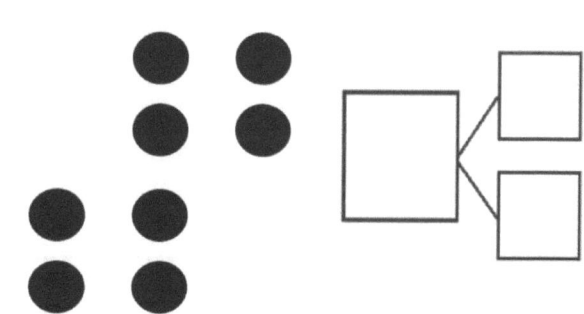

5.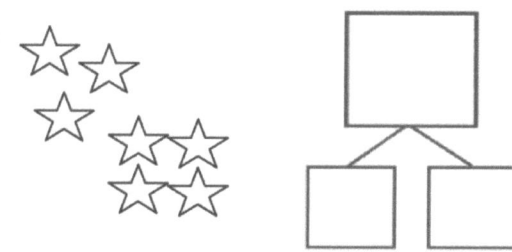

6.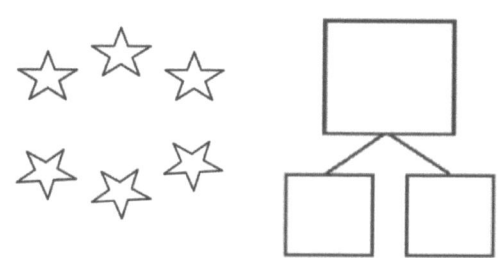

7.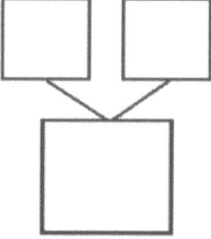

8.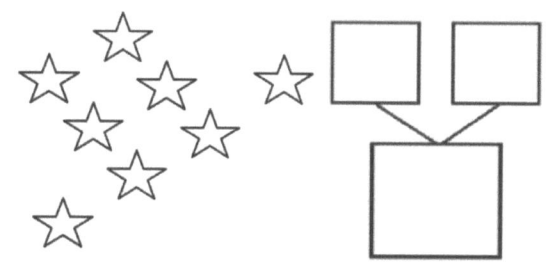

你看到几只动物？至少写出 2 种不同的数字链来表示分解总数的不同方式。

9.

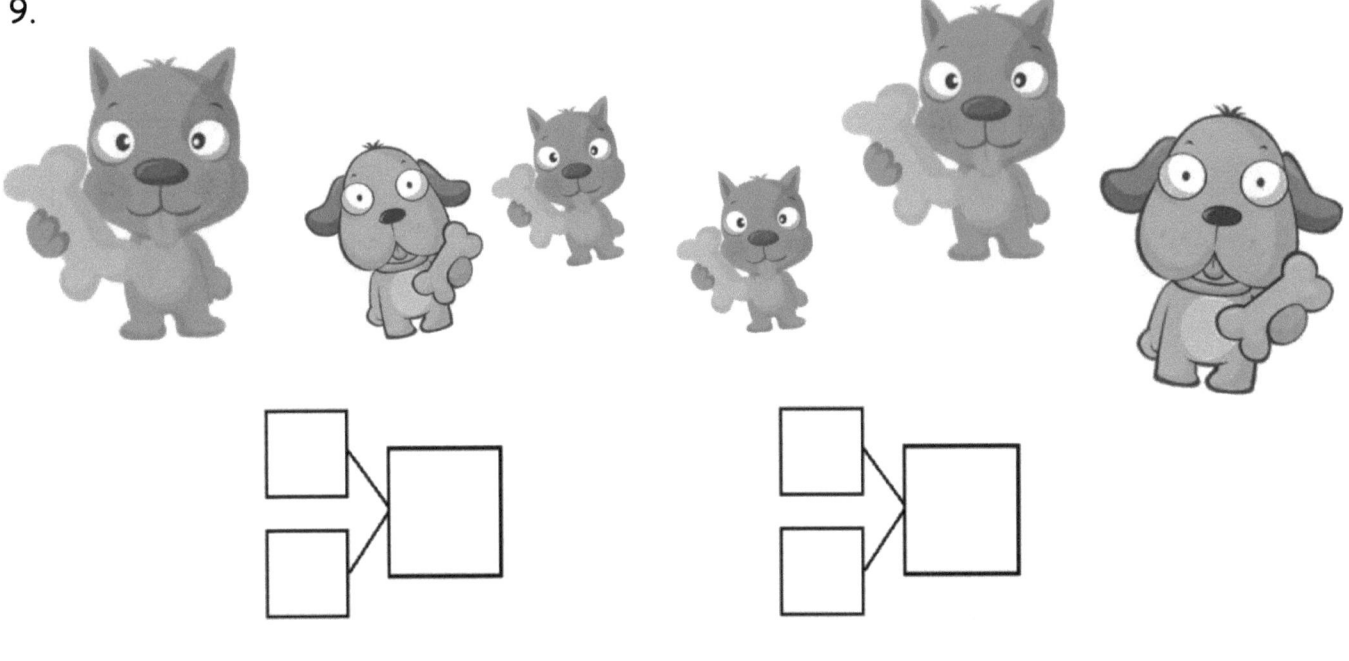

10.

在 5-组中多画 1 个。在空格写下数量来描述新的图。

有6个，我又画了1个。
现在有7。

1加上6等于7。

$6 + 1 = \underline{\ 7\ }$

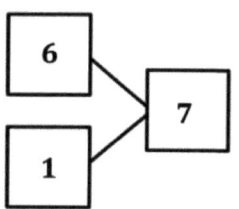

姓名 _____ 日期 _____

你看到几个东西？多画 1 个。现在有几个东西？

1.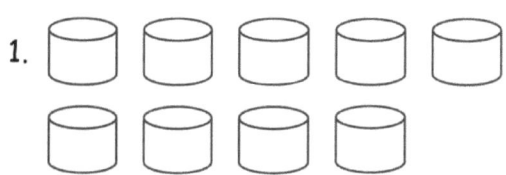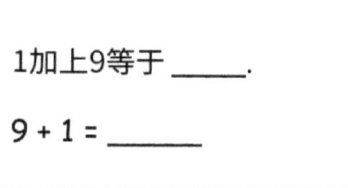

1加上9等于 ____.

9 + 1 = ____

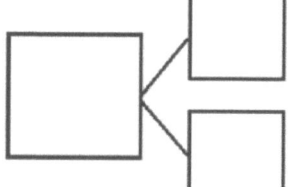

2.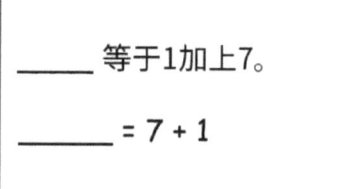

____ 等于1加上7。

____ = 7 + 1

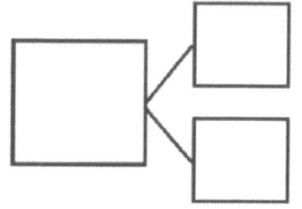

3.

____ 等于1加上5。

____ = 5 + 1

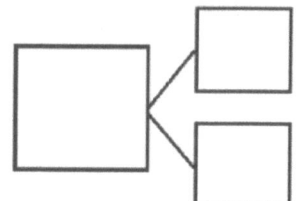

4.

1加上8等于 ____.

____ + 1 = ____

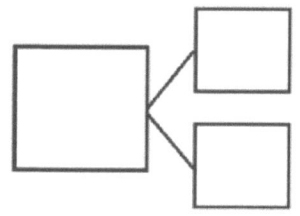

第三课： 用 5-群组排列的方式观察和描述东西再多 1 个的数量。

5. 想象在图片里多加 1 支铅笔。
   然后写下数量以匹配最后会有几支铅笔。

   1加上5等于 _____.

   5 + 1 = _____

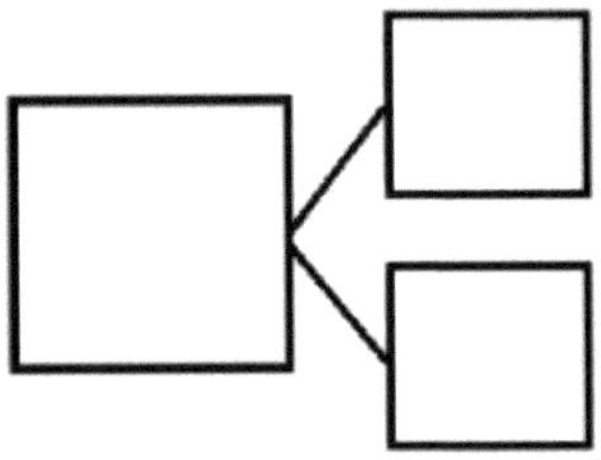

6. 想象在图片多加 1 朵花。
   然后写下数量以匹配最后会有几朵花。

   _____ 等于8 加上1。

   _____ + 1 = _____

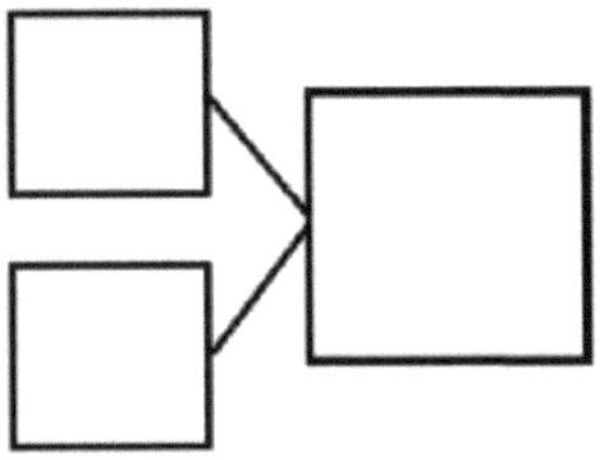

到一年级结束时,学生应该知道 10 以内的所有加法和减法。

第四课的家庭作业让学生有机会制作有助于他们建立掌握度的抽认卡,用各种方式算出 6 (6 和 0, 5 和 1, 4 和 2, 3 和 3)。

- 一些抽认卡可能有完整的数字链和算式。

正面:算式

$$2 + 4 = 6$$

在此算式中,部分为2和4。,总数等于6。

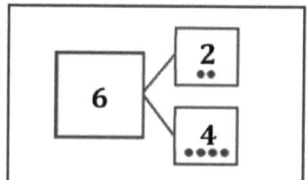

背面:数字链

- 其他的可能只有数字链和表达式。

正面:表达式

$$2 + 4$$

2 + 4?嗯... 2, 3, 4, 5, 6。总数等于 6。

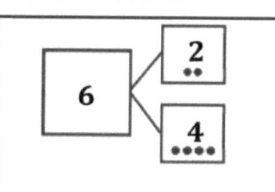

背面:数字链

第四课: 用数字链表示相加的情况。从一个嵌入的数字或部分式子数到总数 6 和 7,并帮每个总数建立加法算式。

姓名 _____   日期 _____

今天，我们学习了构成 6 的不同组合。家庭作业方面，请剪下下方的抽认卡，并在背面写出你今天学到的算式。把这些抽认卡放在做作业的地方来练习组成 6 的各种方式，直到你彻底学会为止！随着我们在接下来的几天继续学习组成 7、8、9 和 10 的不同方法，我们会继续制作新的抽认卡。

*家长请注意：请确保学生练习每种组成 6 的组合。抽认卡看起来像是这样：

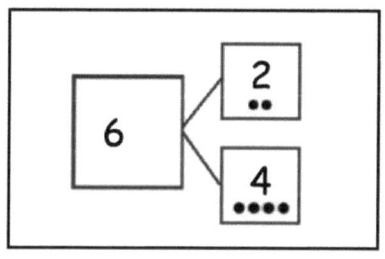   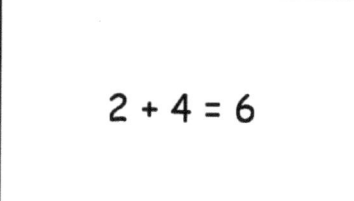

卡的正面   卡的背面

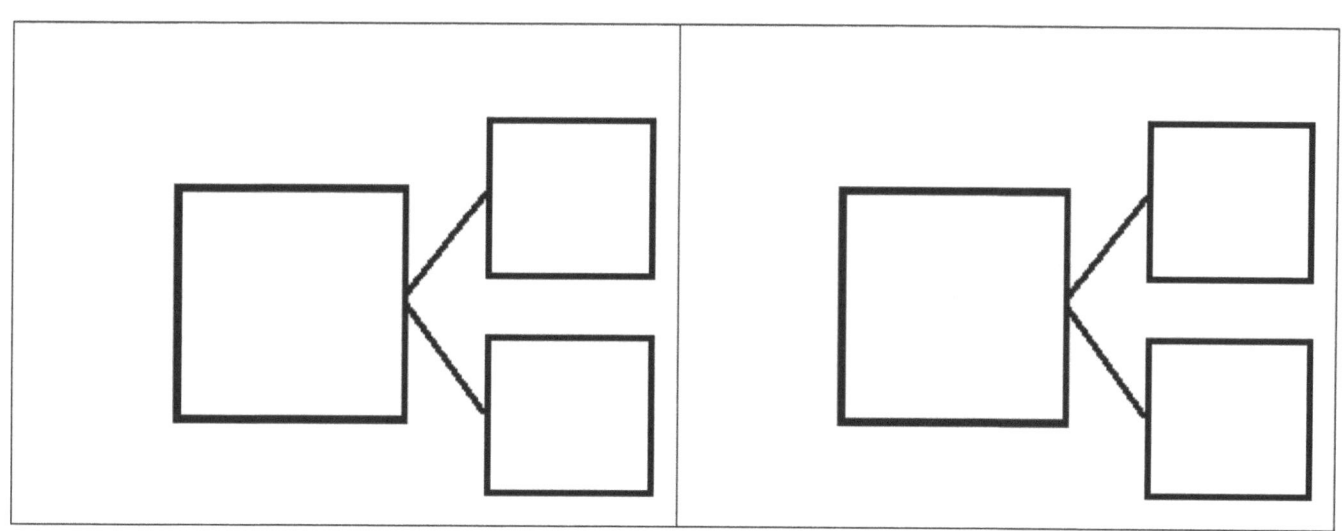

第四课：用数字链表示相加的情况。从一个嵌入的数字或部分式子数到总数 6 和 7，并帮每个总数建立加法算式。

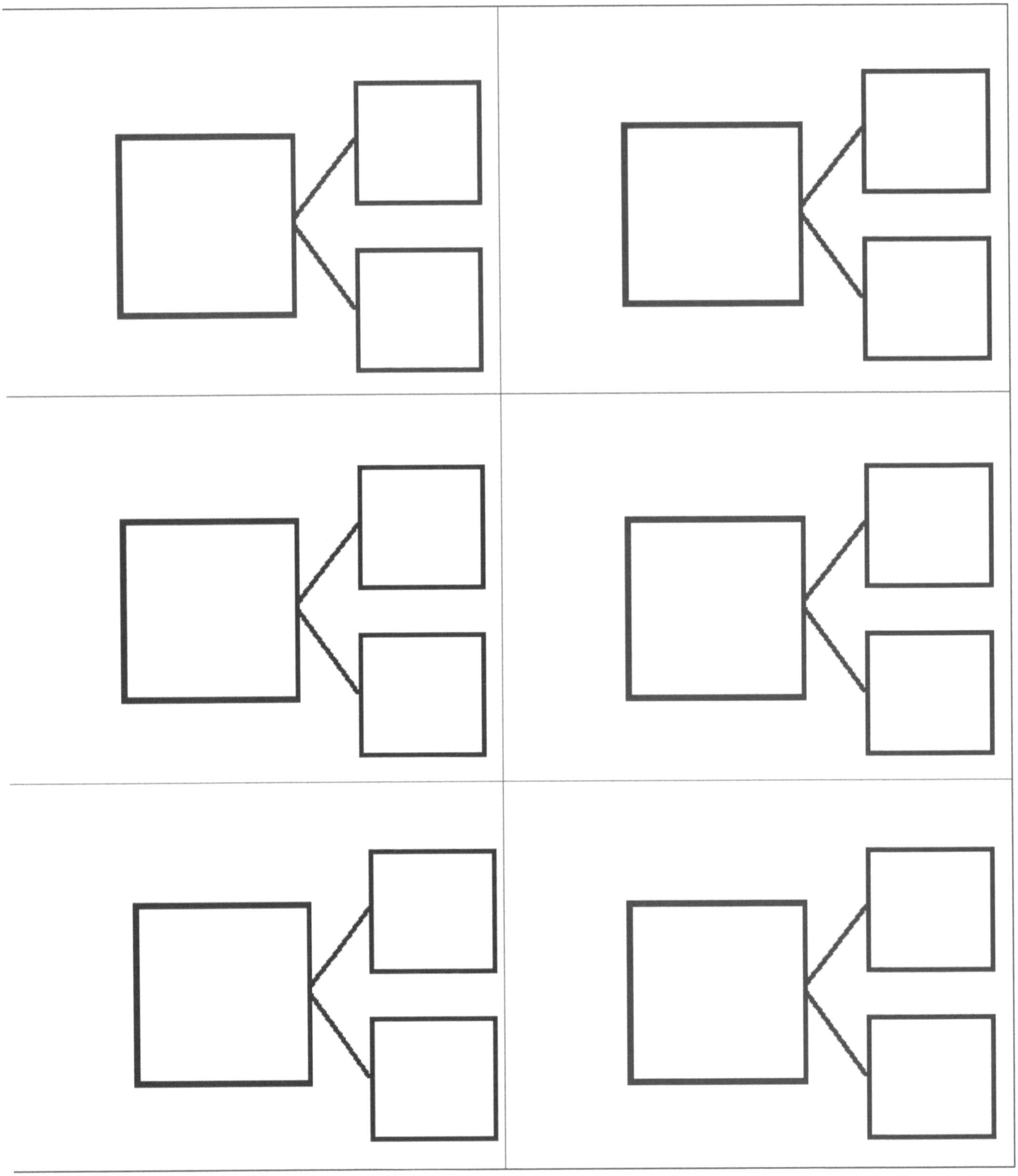

单位的故事 第四课家庭作业 1•1

第四课: 用数字链表示相加的情况。从一个嵌入的数字或部分式子数到总数 6 和 7，并帮每个总数建立加法算式。

1. 完成 2 个算式。用数字链来辅助。

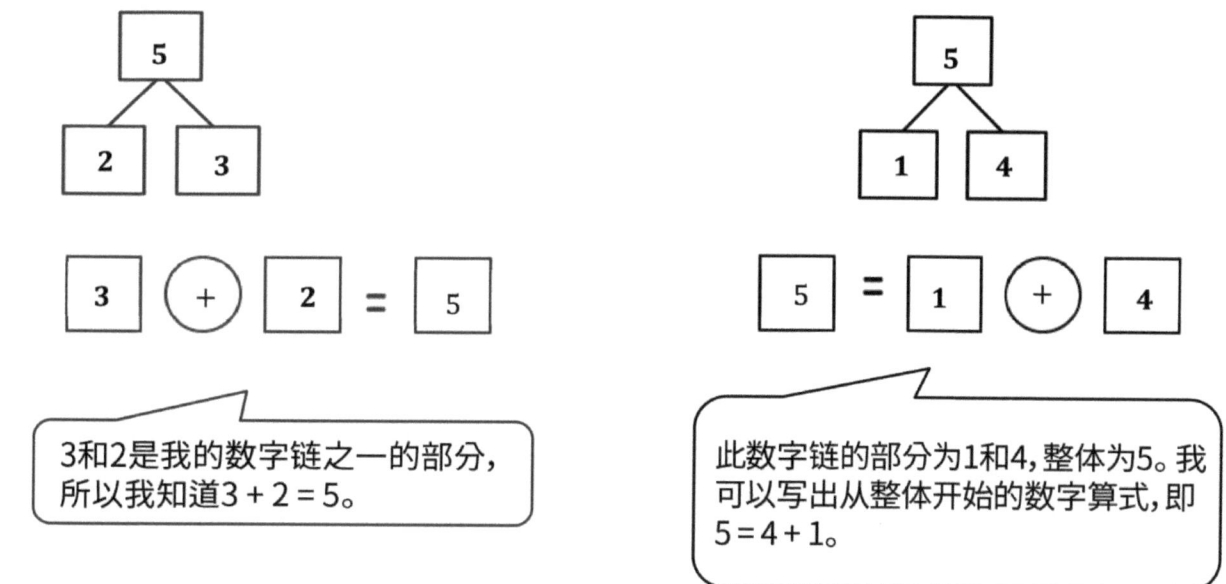

2. 在数字链中填写缺少的数字。然后，把你做出的数字链写成加法算式。

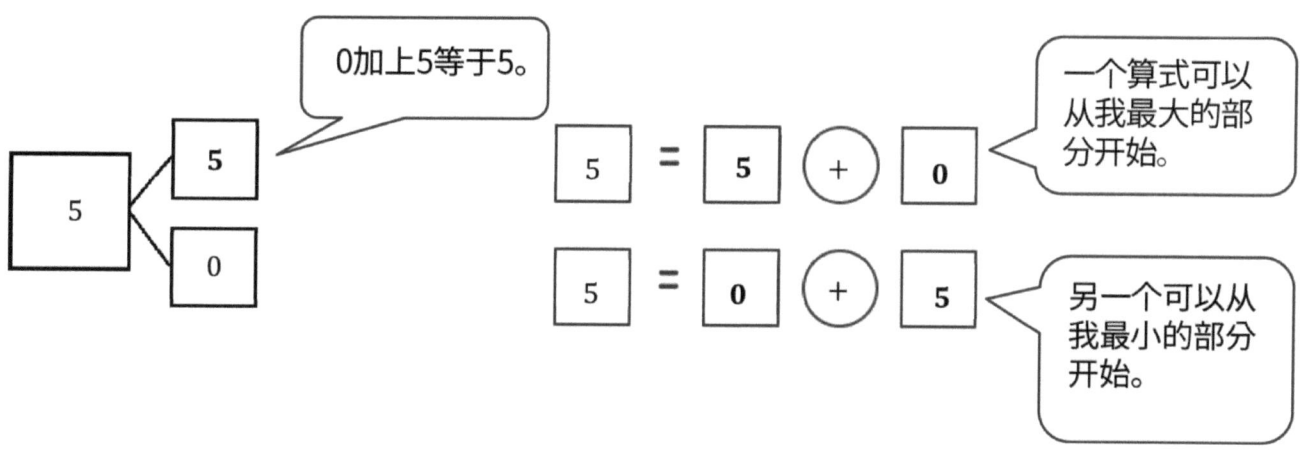

除了今晚的作业外，学生可能想制作有助于他们建立掌握度的抽认卡，用各种方式算出 7 (7 和 0，6 和 1，5 和 2，4 和 3)。

姓名 _____   日期 _____

1. 匹配骰子以用不同的方式表示 7。然后,帮每对骰子画一个数字链。

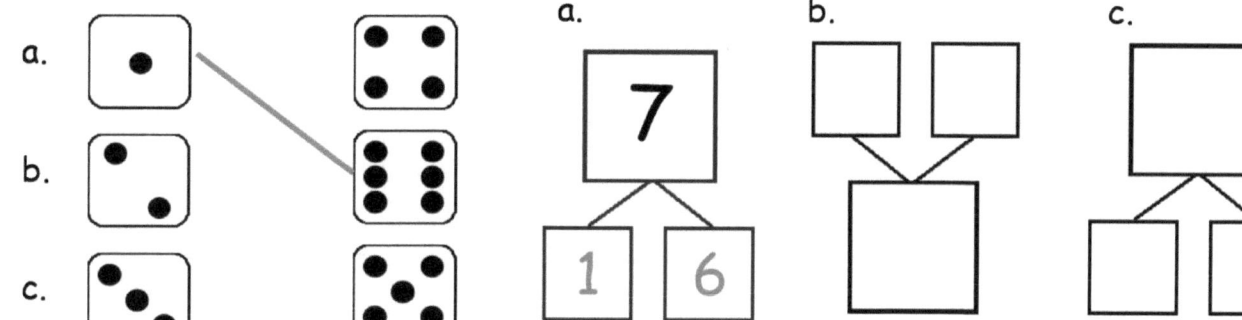

2. 完成 2 个算式。用上面的数字链来辅助。

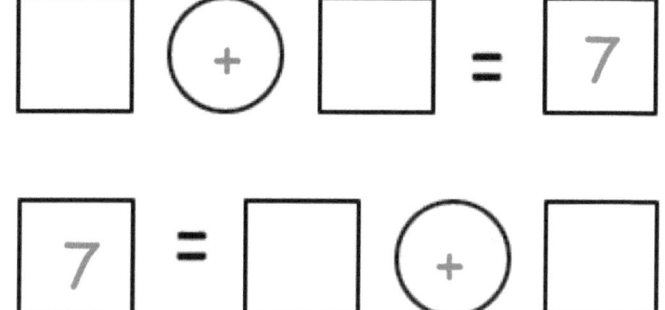

3. 在数字链中填写缺少的数字。然后,把你做出的数字链写成加法算式。

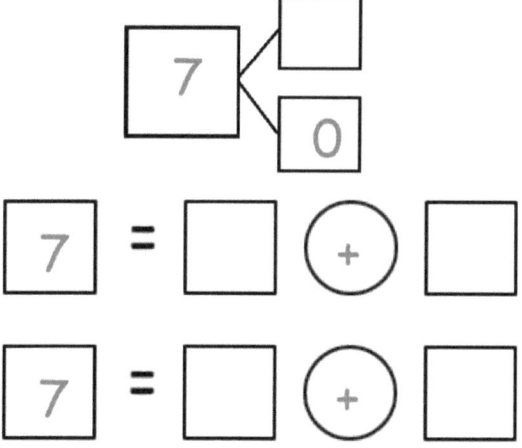

4. 把数字为 7 的骨牌上色。

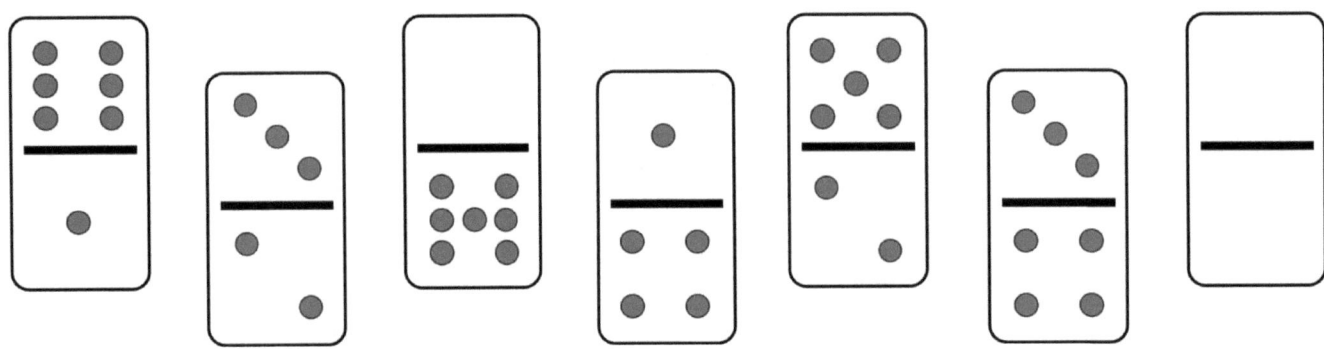

5. 完成你上色骨牌的数字链。

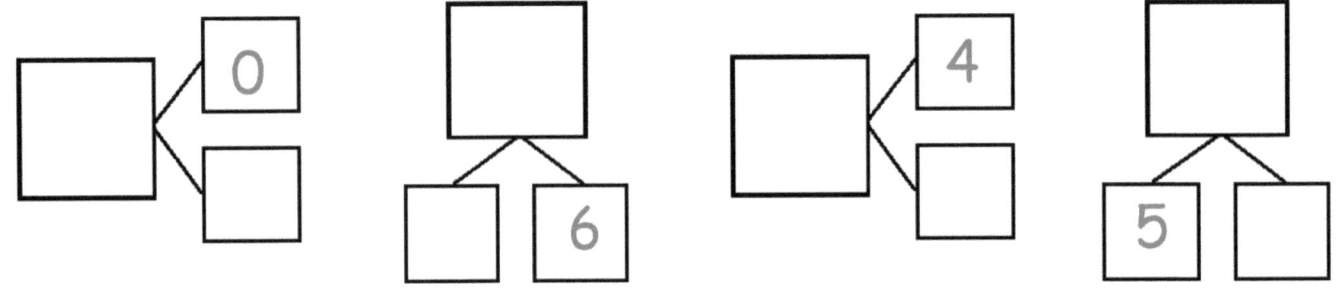

单位的故事　　　　　　　　　　　　　　　　　　　　　　第六课家庭作业助手　1•1

1. 展示 2 种组成 7 的方式。用数字链来辅助。

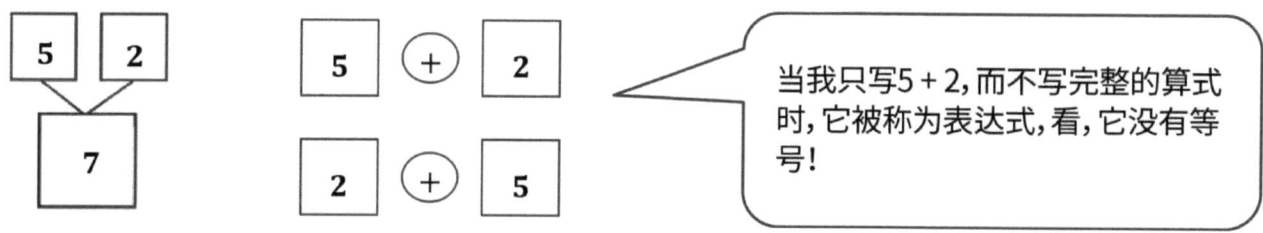

当我只写5 + 2,而不写完整的算式时,它被称为表达式,看,它没有等号!

2. 在数字链中填写缺少的数字。把数字链写成 2 种加法算式。

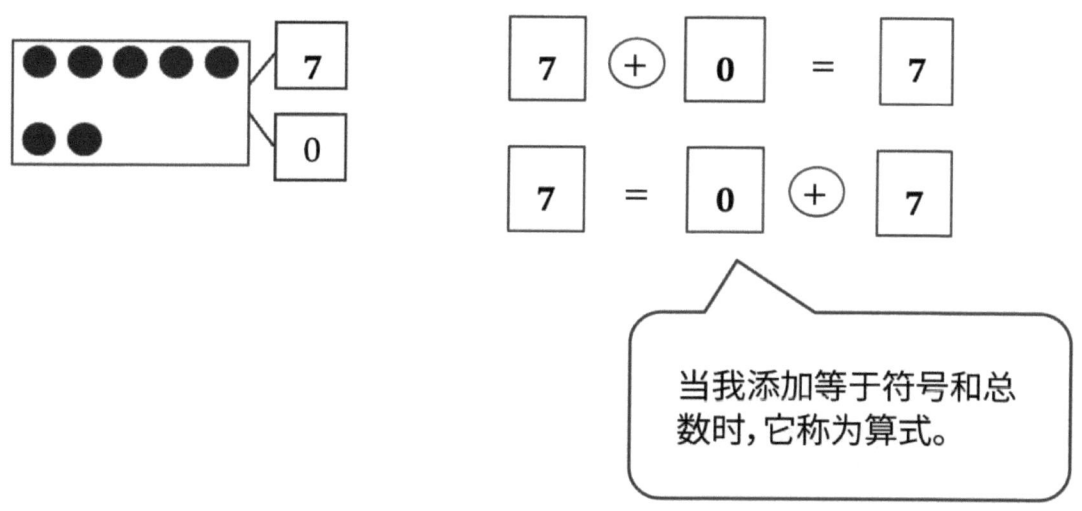

当我添加等于符号和总数时,它称为算式。

第六课：　用数字链表示相加的情况。从一个嵌入的数字或部分式子数到总数8和9,并帮每个总数建立加法算式。

3. 这些数字链是有顺序的，从最小的部分开始。写出数字以表示缺少哪个数字链。

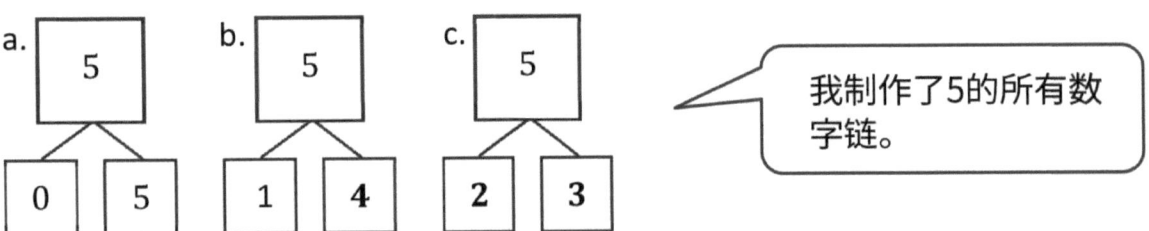

4. 用算式写出 8 的数字链，并画成图。

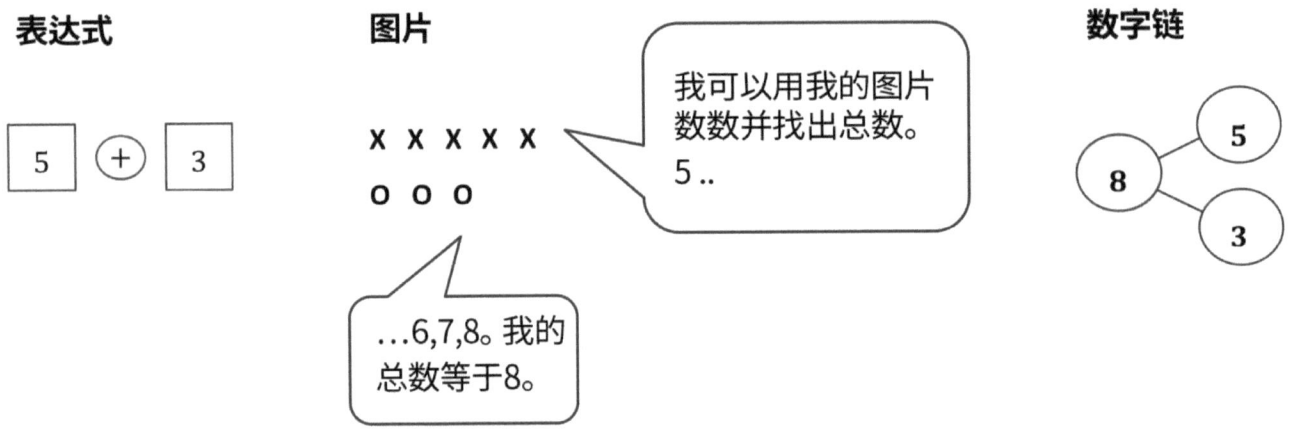

除了今晚的作业外，学生可能想制作有助于他们建立掌握度的抽认卡，用各种方式算出 8 (8 和 0, 7 和 1, 6 和 2, 5 和 3, 4 和 4)。

姓名 _____   日期 _____

1. 匹配点以用不同的方式表示 8。然后,帮每对画一个数字链。

2. 展示 2 种组成 8 的方式。用上面的数字链来辅助。

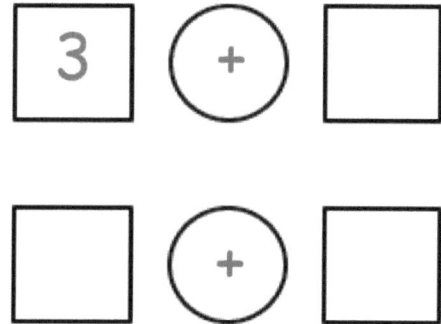

3. 在数字链中填写缺少的数字。把你做出的数字链写成 2 种加法算式。注意等号在哪里以让算式变成正确。

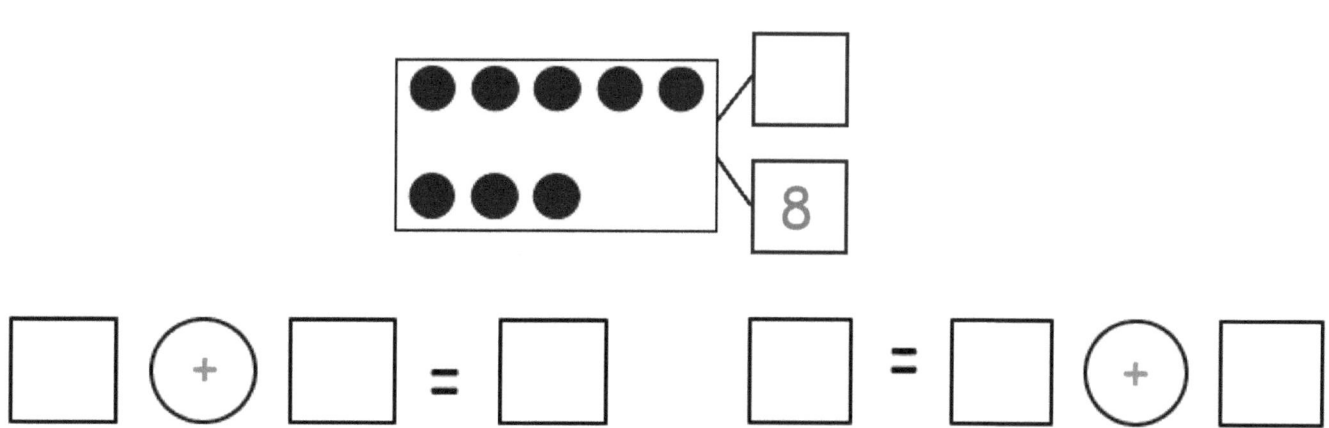

第六课: 用数字链表示相加的情况。从一个嵌入的数字或部分式子数到总数 8 和 9,并帮每个总数建立加法算式。

4. 这些数字链的顺序是从最小的部分开始。写出数字以表示缺少哪个数字链。

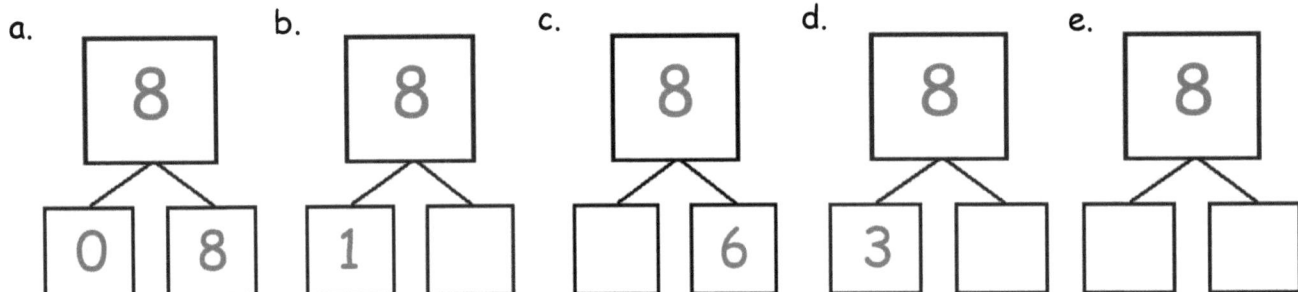

5. 用算式写出 8 的数字链，并画成图。

2 + 6

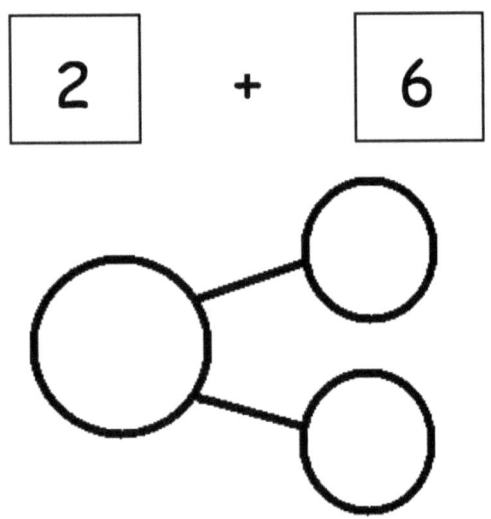

6. 用算式写出 8 的数字链，并画成图。

0 + 8

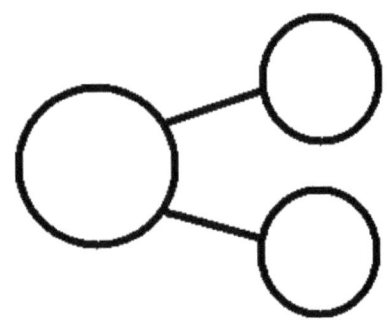

单位的故事　　　　　　　　　　　　　　　　　第七课家庭作业助手　1•1

用池塘图片来帮助你写出表达式和数字链以展示组成 8 的所有不同方式。

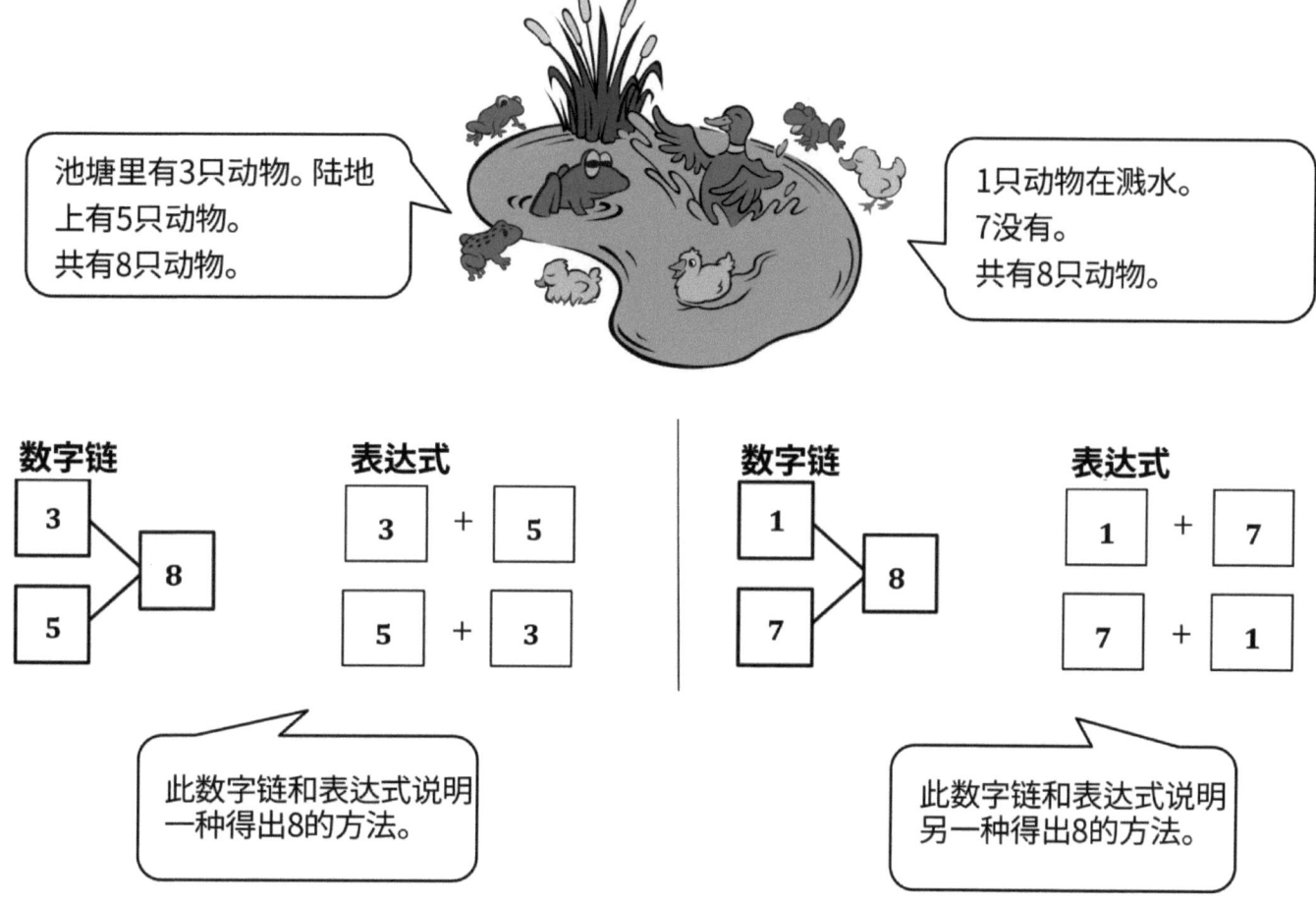

除了今晚的作业外,学生可能想制作有助于他们建立掌握度的抽认卡,用各种方式算出 9 (9 和 0, 8 和 1, 7 和 2, 6 和 3, 5 和 4)。

第七课：　用数字链表示相加的情况。从一个嵌入的数字或部分式子数到总数 8 和 9,并帮每个总数建立加法算式。

姓名 _____ 日期 _____

组成 9 的方式

用书架图片来帮助你写出表达式和数字链以表示组成 8 的所有不同方式。

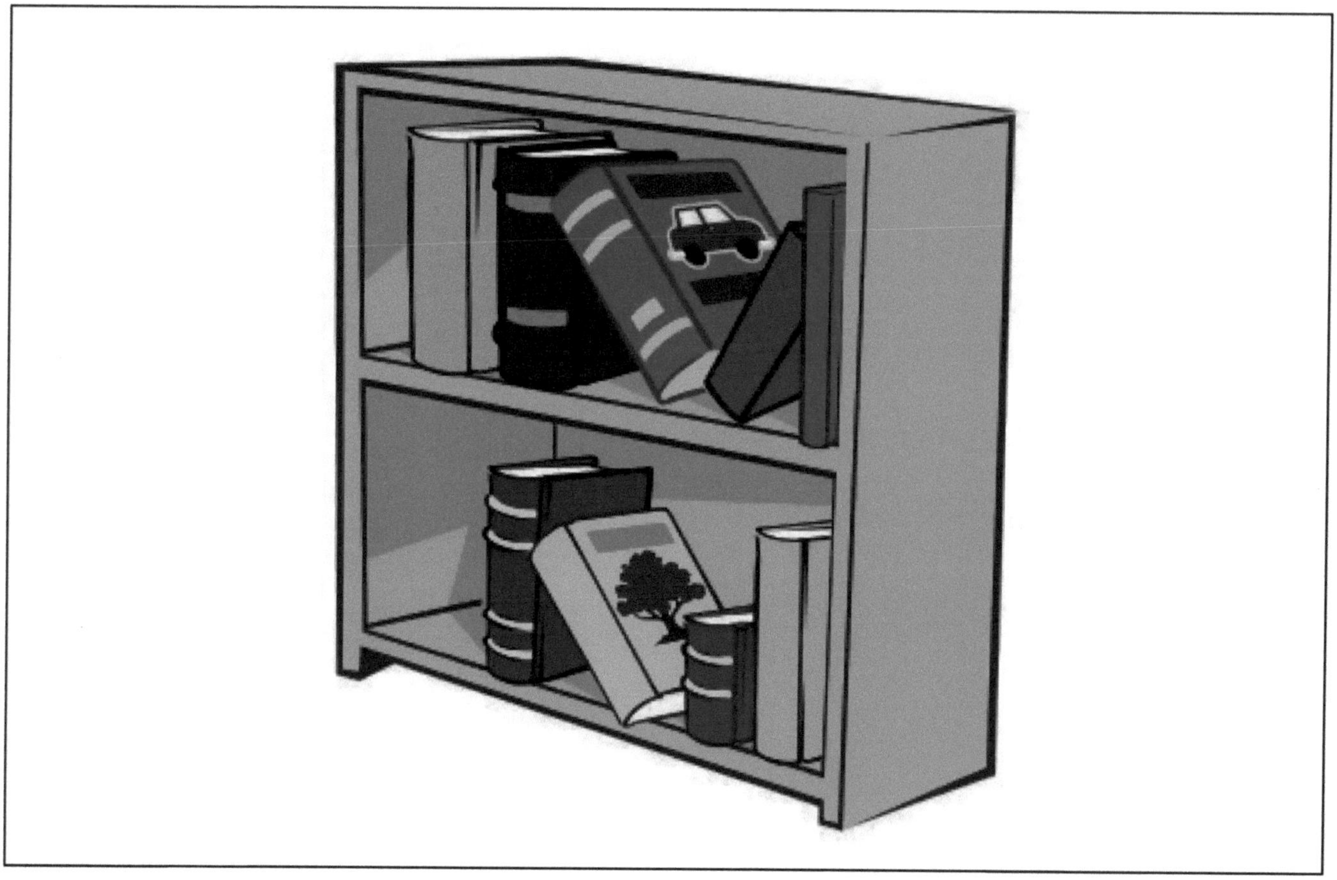

9 本书图卡

第七课: 用数字链表示相加的情况。从一个嵌入的数字或部分式子数到总数8和9,并帮每个总数建立加法算式。

单位的故事 第八课家庭作业助手 1•1

1. Rex 散步时发现了 10 根骨头。他无法决定要将哪一部分带回狗窝,哪一部分该埋起来。通过填写数字链缺少的部份来帮助 Rex 表示他的选择。

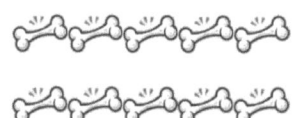

我的十根手指可以代表十根骨头。

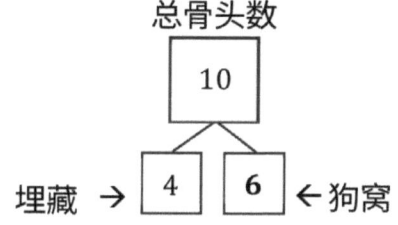

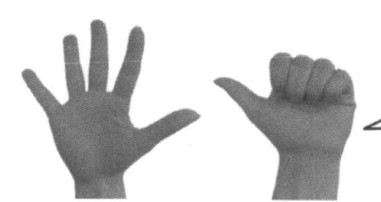

如果雷克斯埋藏4根骨头,他会在狗窝里放6根骨头。

2. 写下所有匹配此数字链的加法算式。

4 + 6 = 10   10 = 4 + 6

6 + 4 = 10   10 = 6 + 4

除了今晚的作业外,学生可能想制作有助于他们建立掌握度的抽认卡,用各种方式算出10 (10 和 0, 9 和 1, 8 和 2, 7 和 3, 6 和 4, 5 和 5)。

第八课: 从指定的情境以数字链呈现所有 10 的数字配对,并建立所有等于 10 的式子。

姓名 _____ 日期 _____

1. Rex 散步时发现了 10 根骨头。他无法决定要将哪一部分带回狗窝，哪一部分该埋起来。通过填写数字链缺少的部份来帮助 Rex 表示他的选择。

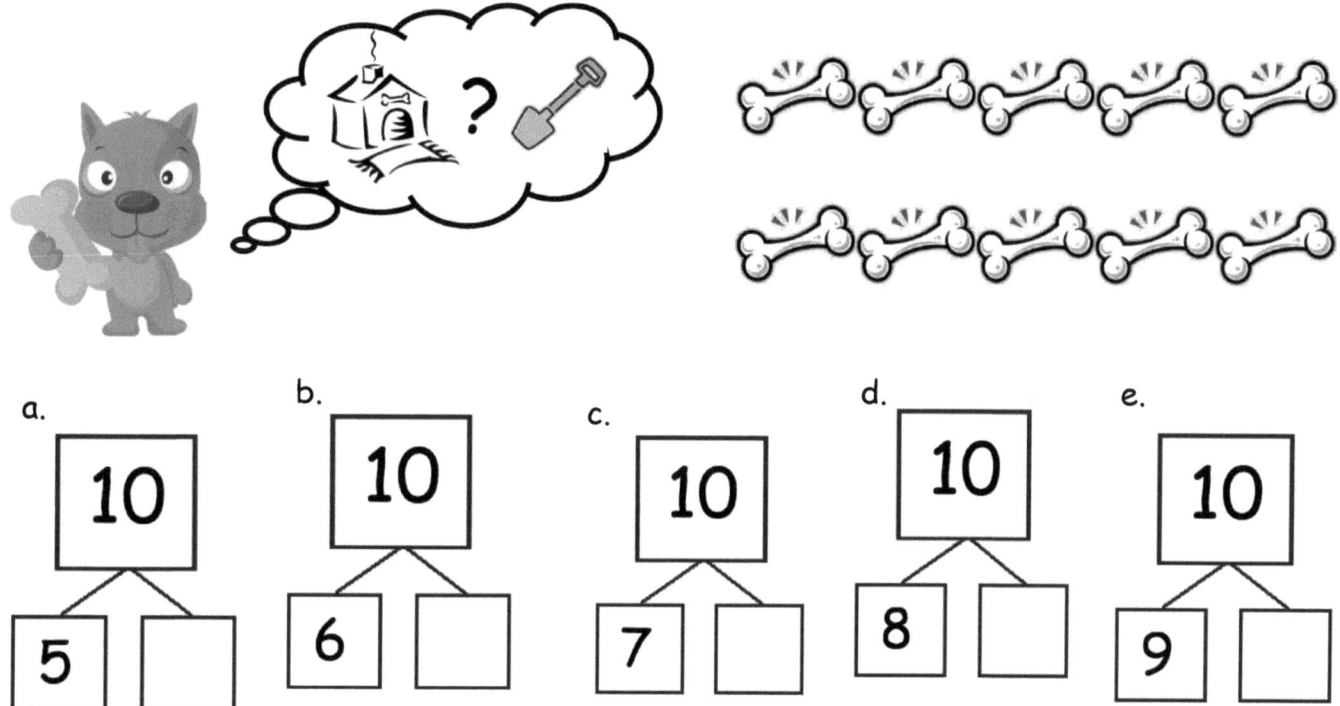

2. 他决定埋 3 个，带回家 7 个。写下所有匹配此数字链的加法算式。

第八课： 从指定的情境以数字链呈现所有 10 的数字配对，并建立所有等于 10 的式子。

单位的故事 第九课家庭作业助手 1•1

1. a. 用图画来说出数学故事。

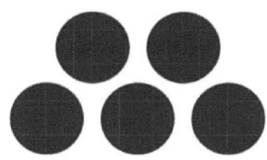

有5个球。
另外2个滚过来。
现在有7个球。

b. 写一个数字链以来匹配你的叙述。

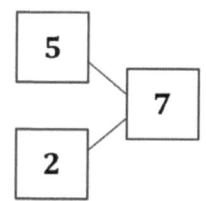

c. 写一个算式来说出故事。

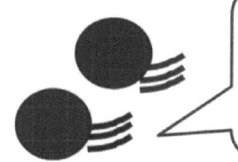

d. 有 __7__ 颗球。

2. Marcus 有 5 个红色方块和 3 个黄色方块。Marcus 有几个方块？

5 + 3 = 8   Marcus有 __8__ 个方块。

我可以画一个数学图和数字链以匹配故事！

然后，我可以用算式和文字题回答问题。

第九课： 解决添加到结果未知和与结果放在一起未知通过绘画，编写方程式和制作数学故事解决方案的陈述。

37

单位的故事 第九课家庭作业 1•1

姓名 _____   日期 _____

1. 用图画来说出数学故事。

写一个数字链以来匹配你的故事。

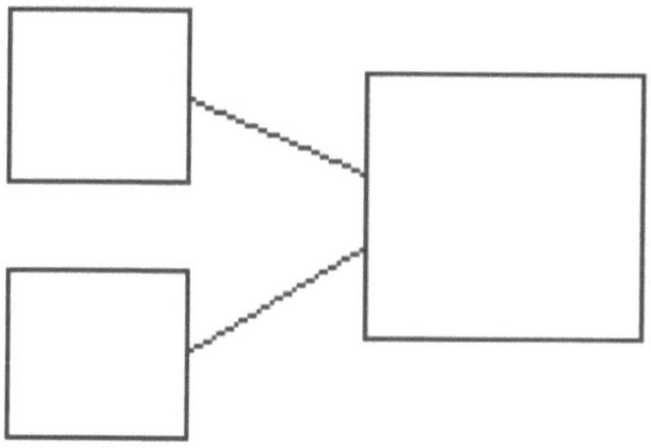

有 _____ 只鲨鱼

写一个算式来说出故事。

☐ + ☐ = ☐

2. 用图画来说出数学故事。

写一个数字链以来匹配你的故事。

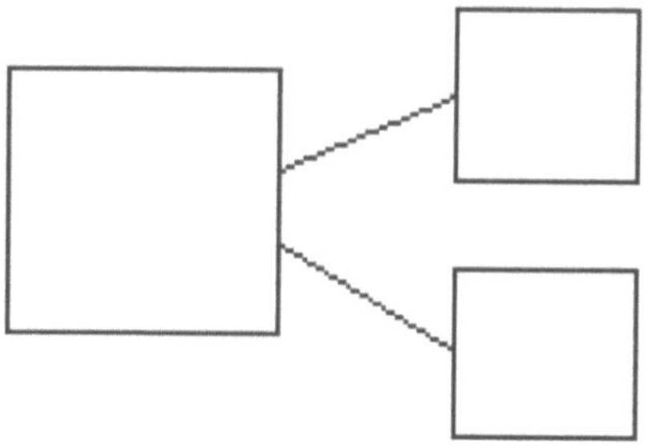

有 _____ 个学生

写一个算式来说出故事。

☐ = ☐ + ☐

第九课： 解决添加到结果未知和与结果放在一起未知通过绘画，编写方程式和制作数学故事解决方案的陈述。

39

画一张图以匹配故事。

3. Jim 有 4 只大狗和 3 只小狗。Jim 有几只狗?

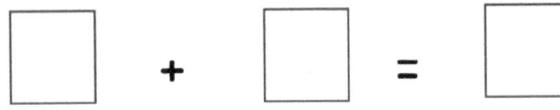   Jim 有____只狗。

4. Liv 在公园玩。她和 3 个女孩和 6 个男孩一起玩。她和几个孩子在公园玩?

   Liv 跟____个孩子玩。

单位的故事　　　　　　　　　　　　　　　　　　　　　第十课家庭作业助手　1•1

1. a. 用你的 5-组卡解题。　　　　　　　　　　　　　　　b. 画另一个 5-组卡来展示你刚做的事。

我看到4只小乌龟和3只大乌龟。

我的5-组卡片可以帮助我做加法。我从4开始,再数3个。4..., 5, 6, 7。

4 + 3 = 7

我的数字算式说明4只小乌龟加上3只大乌龟总共等于7只乌龟。

2. Kira 有 3 只猫和 4 只狗。画一张画表示她有几只宠物。

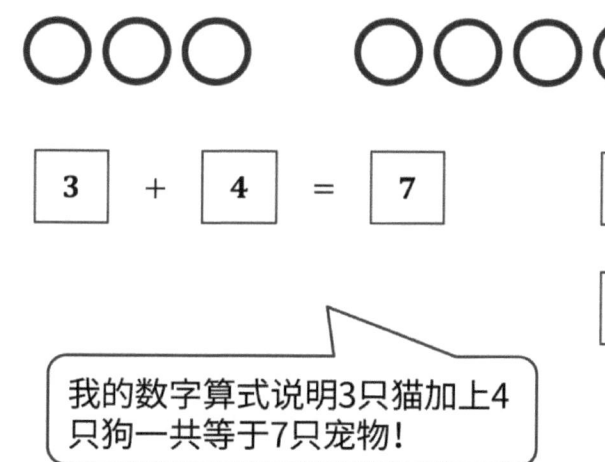

猫　　　小狗

○○○　　○○○○

3 + 4 = 7

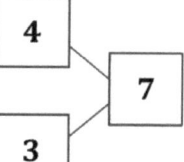

我的数学图片可以只是圆圈!

在我的数字链中,部分是4和3。总数是7。

我的数字算式说明3只猫加上4只狗一共等于7只宠物!

基拉有 __7__ 只宠物。

第十课:　通过画图和使用 5-组卡来解答加上结果未知的数学故事。

姓名 _____ 日期 _____

1. 用你的 5-组卡解题。

画另一个 5-组卡来表示你刚做的事。

---

2. 用你的 5-组卡解题。

画另一个 5-组卡来表示你刚做的事。

3. 有 4 个高个子男孩和 5 个矮个子男孩。画图表示有几个男孩。

总共有_____个男孩。

写一个算式来表示你刚做的事。

☐ + ☐ = ☐

写一个数字链来匹配故事。

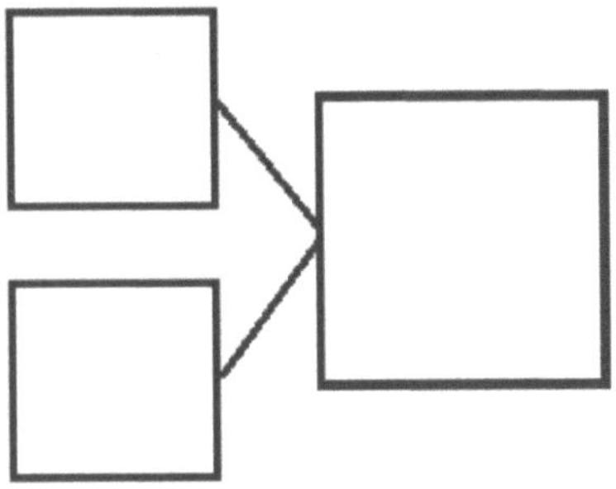

4. 有 3 个女孩和 5 个男孩。画图表示全部有几个孩子。

总共有_____个孩子。

写一个算式来表示你刚做的事。

☐ + ☐ = ☐

写一个数字链来匹配故事。

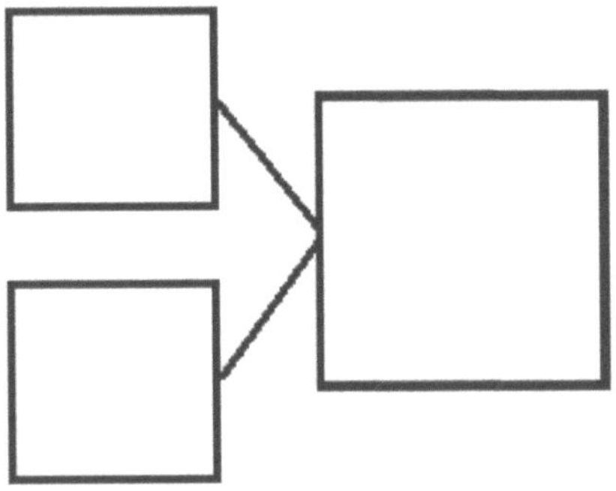

0	1	2	3
4	5	6	7
8	9	10	10
	10	5	5

第五课的 5-组卡

第十课: 通过画图和使用 5-组卡来解答加上结果未知的数学故事。

单位的故事 第十课模版 1

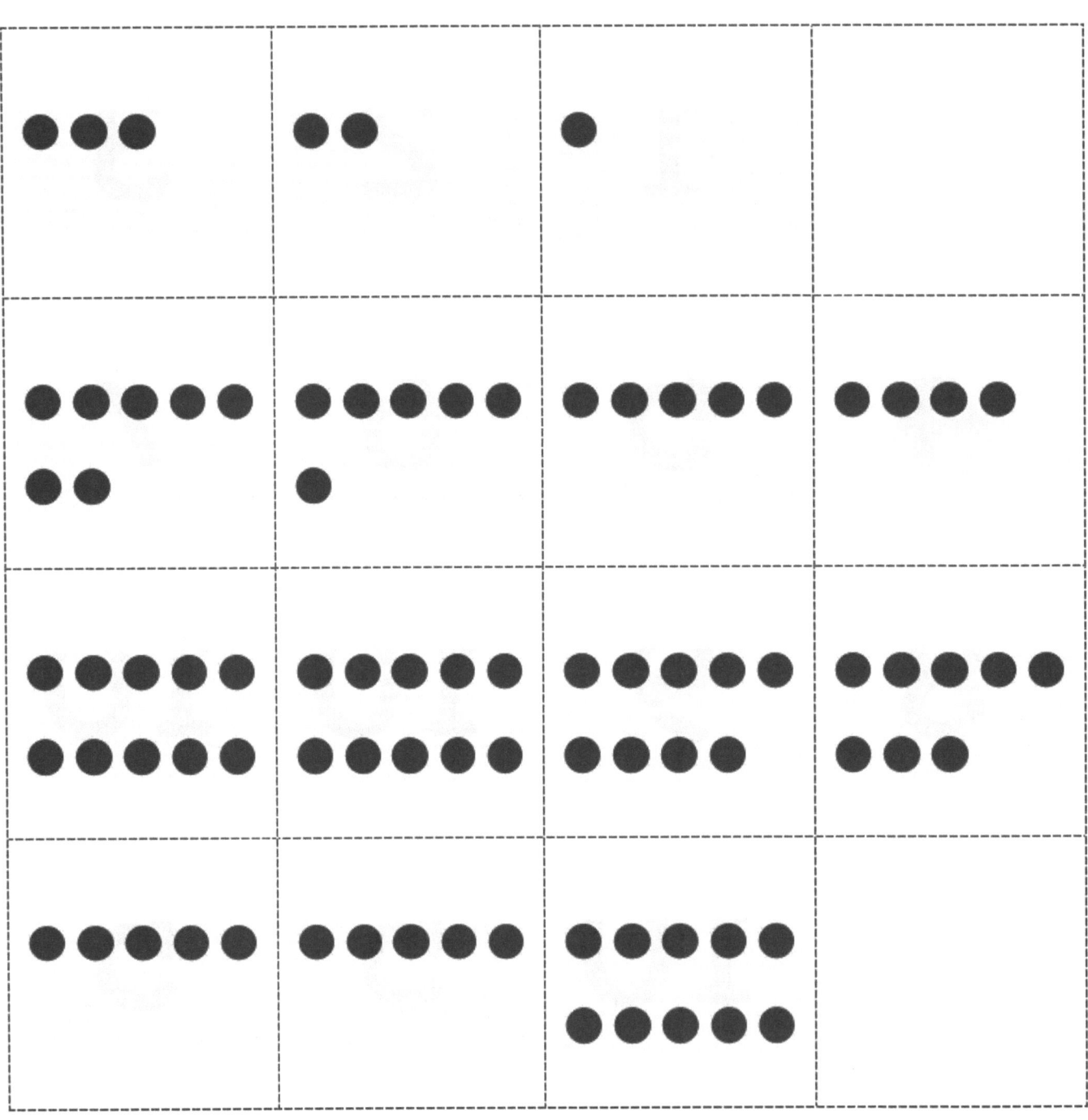

第五课的 5-组卡,点的那面

第十课: 通过画图和使用 5-群组卡来解答加上结果未知的数学情境叙述。

1. 用 5-组卡数数来找出算式里缺少的数字。

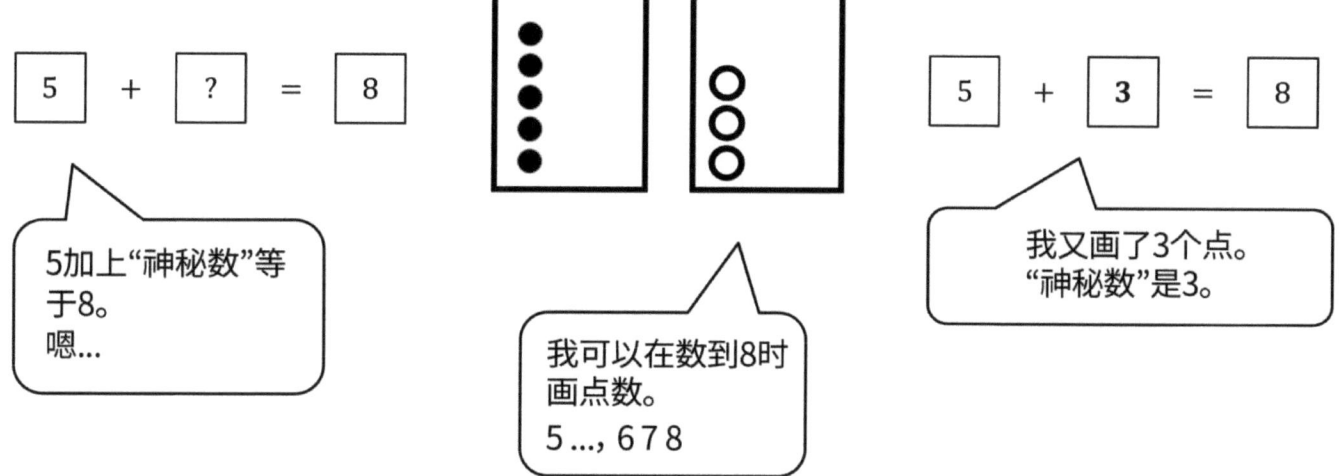

5加上"神秘数"等于8。
嗯…

我可以在数到8时画点数。
5…, 6 7 8

我又画了3个点。
"神秘数"是3。

2. 让算式与数学故事相匹配。画图或用你的 5-组卡来解题。

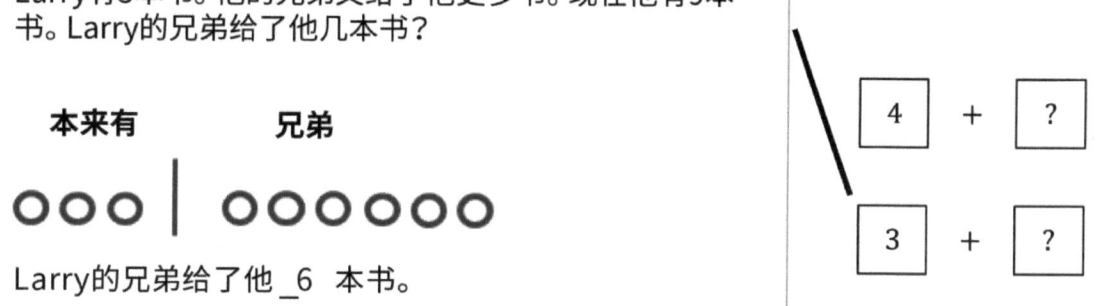

Larry有3本书。他的兄弟又给了他更多书。现在他有9本书。Larry的兄弟给了他几本书？

本来有　　**兄弟**

Larry的兄弟给了他 _6_ 本书。

我可以画3个圆圈来说明Larry本来有多少本书。然后我可以画更多直到9。

我又画了6个圆圈，所以他的兄弟一定给了他6本书。

这个数字算式与故事匹配，因为3本书加"神秘数"的书一共等于9本书

姓名 _____ 日期 _____

1. 用 5-组卡计数来找出算式里缺少的数字。

a. 2 + ☐ = 7

b. 8 = 5 + ☐

c. 9 = 7 + ☐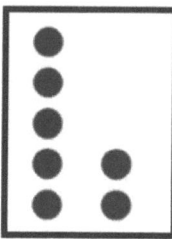

d. 9 = ☐ + 9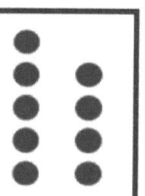

单位的故事

2. 让算式与数学故事相匹配。画图或用你的 5-组卡来解题。

a. Scott 有 3 片饼干。他的妈妈又给了他一些。现在他有 8 片饼干。他的妈妈给他几片饼干？

Scott 的妈妈给了他_____片饼干。

$6 + ? = 9$

$3 + ? = 8$

b. Kim 在树上看到 6 只鸟。

有更多鸟飞进来。

Kim 在树上看到 9 只鸟。
有几只鸟飞到树上？

有_____只鸟飞到数上。

$4 + ? = 8$

单位的故事　　　　　　　　　　　　　　　　　　第十二课家庭作业助手　1•1

1. 用你的 5-组卡计数来找出算式里缺少的数字。

   $5 + ? = 9$

   神秘数字是 4

   卡片：5 | ○○○○（4个圆点）

   > 我可以从5开始计数寻找神秘数字。5 …, 6, 7, 8, 9。我又数了4个，所以神秘数字是4。

2. Shana有5顶帽子。然后她又买了一些。她现在有8顶帽子。她买了几顶帽子？

   > 5加上"神秘数"等于8。嗯…

   > 我可以从5开始计数并画点直到我数到8。5 …, 6、7、8。

   卡片：5 | ○○○（3个圆点）

   $5 + 3 = 8$

   > 我又画了3个点。"神秘数"是3。

   Shana购买了 3 顶帽子。

第十二课：　用 5-组卡来解答加上变化未知的数学叙述。

姓名 _____   日期 _____

 用你的 5-组卡计数来找出算式里缺少的数字。

1. 5 + ? = 7

神秘数字是 ☐

2. 2 + ? = 8

神秘数字是 ☐

3. 6 + ? = 9

神秘数字是 ☐

第十二课:　用 5-组卡来解答加上变化未知的数学叙述。

 用你的 5-组卡来计数并解答数学故事。用空格表示你的 5-组卡。

4. Jack 星期一读了 4 本书。他在星期二读了更多本。他总共读了 7 本书。Jack 星期二读了几本书？

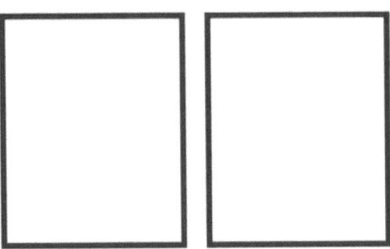 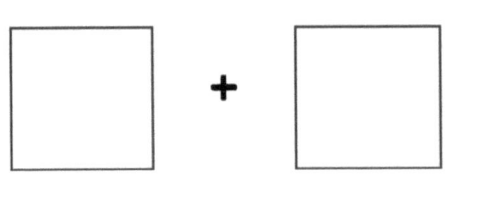

Jack 在星期二读了____本书

5. Kate 有 1 个姊妹和一些兄弟。她总共有 7 个兄弟姐妹。Kate 有几个兄弟？

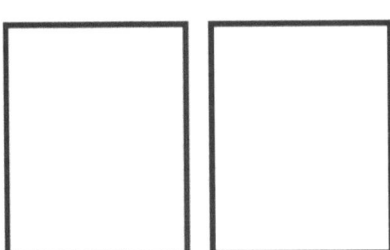  +  =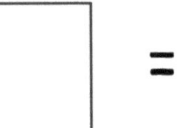

Kate 有____个兄弟。

6. 公园里有 6 只狗和一些猫。公园里总共有 9 只猫和狗。公园里有几只猫？

  +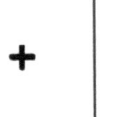

总共有____只猫。

单位的故事　　　　　　　　　　　　　　　　　　第十三课家庭作业助手　1•1

用算式画图，然后填写数字链来说出数学故事。

1. 3 + 3 = 6

> 嗯… 我可以讲什么故事来匹配数字算式3 + 3 = 6？

> 我有个主意！我烤了3块圆形饼干和3块心形饼干。我总共烤了6块饼干。我可以画饼干来展示我的故事。

> 我可以做一个数字键来匹配我的故事！

数字链：3 和 3 合成 6

2. 4 + ? = 6

> 嗯…这道题有个神秘数字。我知道一个故事会匹配！我兄弟有四个弹珠。然后他在沙发下发现了一些弹珠。现在他有6个弹珠。他找到了几个弹珠？

> 我可以为画四个圆代表他的弹珠。然后我可以再画一些圆，直到我有6个弹珠。

数字链：4 和 2 合成 6

第十三课：从等式说出加上结果未知、相加结果未知和加上变化未知的故事。

姓名 _____ 日期 _____

用算式画图,然后填写数字链来说出数学故事。

1. 5 + 2 = 7

 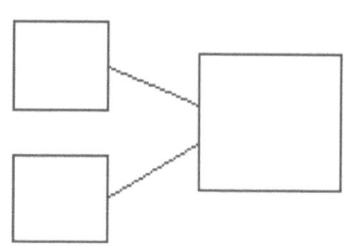

2. 3 + 6 = 9

 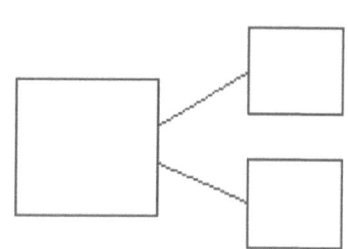

3. 7 + ? = 9

 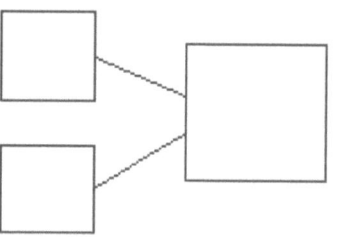

单位的故事

第十四课家庭作业助手 1·1

计数来相加。

要做加法6 + 2，我不必数我所有的手指。我可以从6开始并数2根手指！

6 ...

..., 7,8

写下你说出的计数。

6, ..., 7,8

a. $6 + 2 = 8$

这道题有2个缺失的数字。我可以自己做计数题！

Fiiiive...

...6,7,8.

5, ...6,7,8

b. $8 = 5 + 3$

第十四课： 用数字和 5-组卡和手指来数最多多 3 个来追踪变化量。

姓名 _____ 日期 _____

计数来相加。

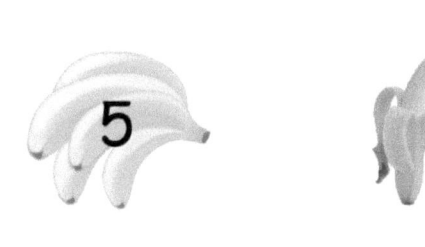

a. 5 + 1 = ☐   5, 6

写下你说出的计数。

b. 5 + 2 = ☐

c. 7 + 2 = ☐

d. ☐ = 6 + 3

e. ☐ = 7 + ☐

用你的 5-组卡或手指计数来解题。

1.

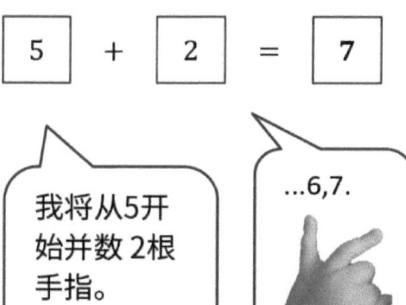

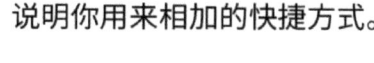

2.

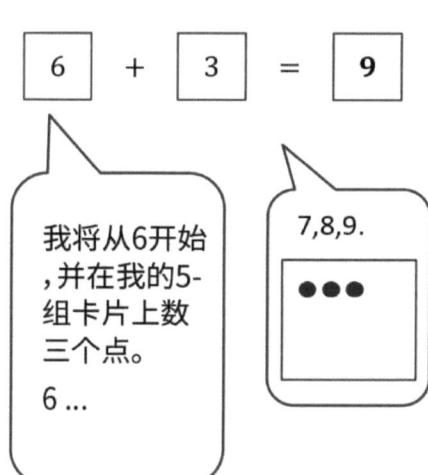

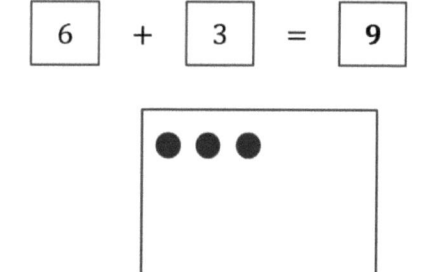

单位的故事　　　　　　　　　　　　　　　　　　　　　　　　第十五课家庭作业　1•1

姓名 _____　　　日期 _____

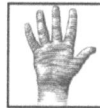  用你的 5-组卡或手指计数来解题。

表示你用来相加的快捷方式。

1. 5 + 3 = ☐　　　　　6 + 2 = ☐

2. 6 + 2 = ☐

3. 7 + 3 = ☐

表示你用来相加的策略。

4. ☐ = 8 + 2　　　　　☐ = 7 + 2

5. ☐ = 6 + 3

6. ☐ = 7 + 2

第十五课：　用数字和 5-组卡和手指来数最多多 3 个来追踪变化量。

1. 运用简单的数学图画。再画一些以表示 6 + ? = 9。

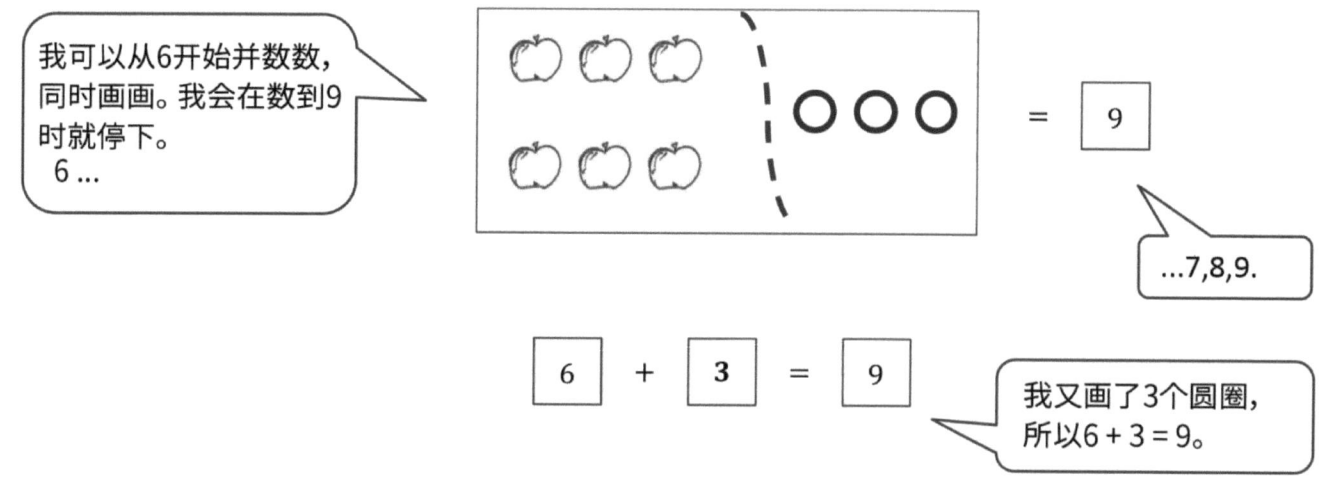

2. 用你的 5-组卡来解答 4 + ? = 6。

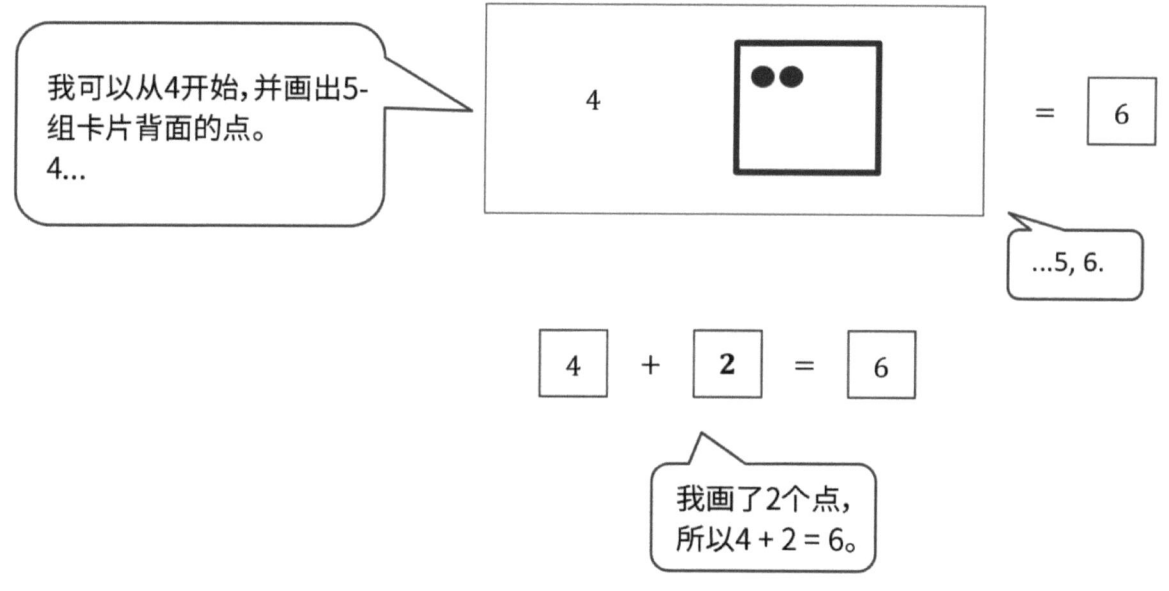

姓名 _____ 日期 _____

1. 运用简单的数学图画。再画一些以表示 + ? = 6。

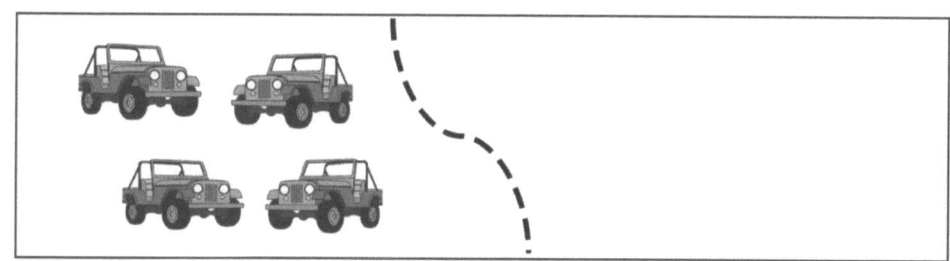

4 + ☐ = 6

2. 用你的 5-组卡来解答 6 + ? = 8

6   = 8

6 +  = 8

3. 用计数来解答 7 + ? = 10

7 + 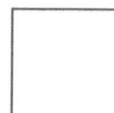 = 10

1. 匹配相等的骨牌。然后，写出正确的算式。

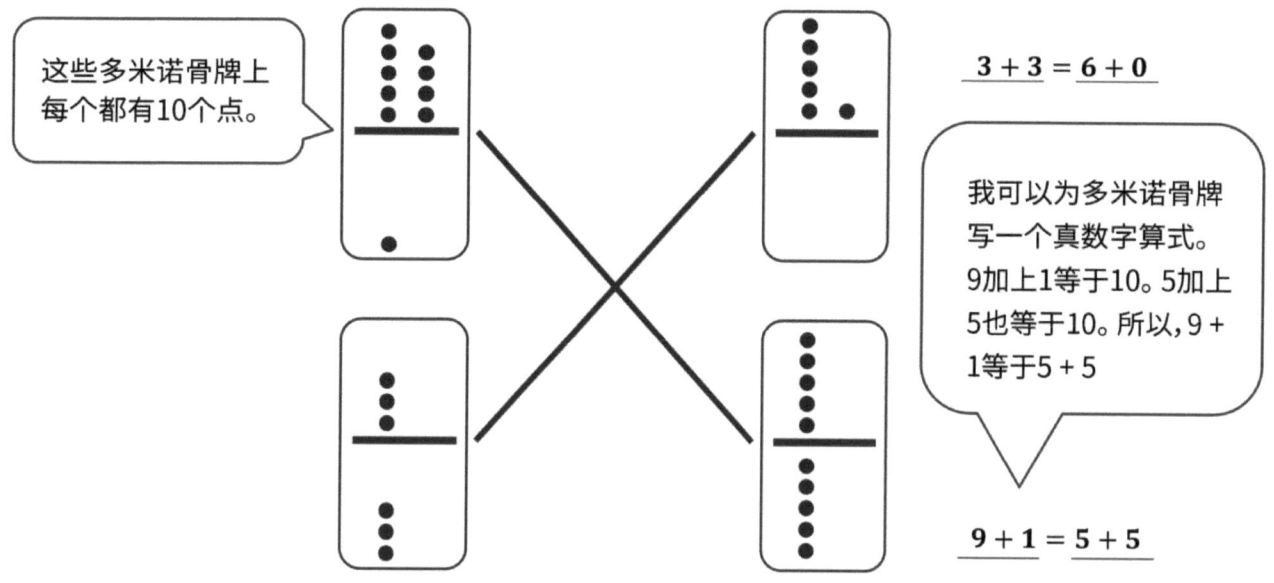

2. 找出相等的表达式。用等式写出正确的算式。

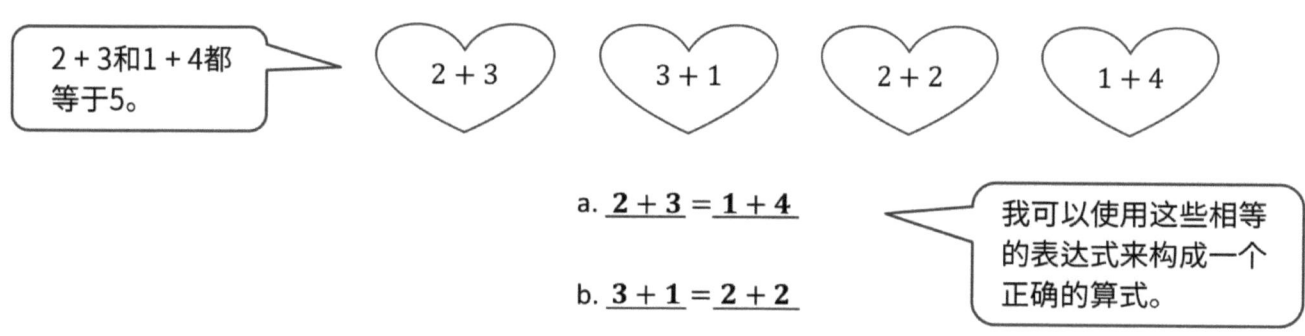

a. $\underline{2+3} = \underline{1+4}$

b. $\underline{3+1} = \underline{2+2}$

姓名 _____ 日期 _____

1. 匹配相等的骨牌。然后，写出正确的算式。

   a. 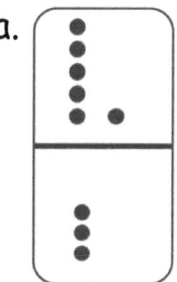 _____ _____

   b. 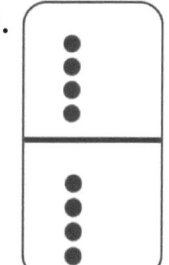 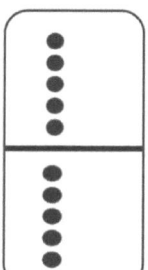 _____ _____

   c. 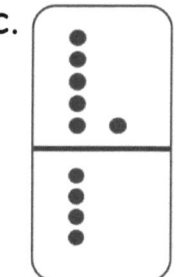 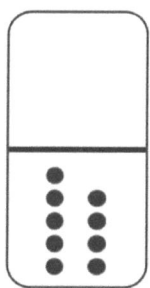 _____ _____

2. 找出相等的表达式。用等式写出正确的算式。

   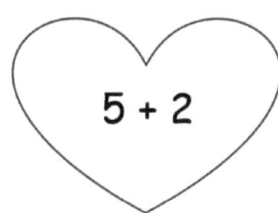   

   a. _____ _____

   b. _____ _____

单位的故事　　　　　　　　　　　　　　　　　　　　　　　第十八课家庭作业助手　1•1

1. 下面的图片不相等。让图片相等，并写下正确的算式。

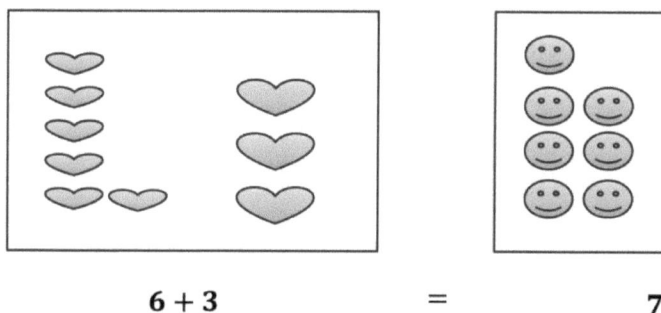

　　　　　6 + 3　　　　=　　　　7 + 2

我知道6 + 3等于9。我可以数7张笑脸。如果再画2张笑脸，我就可以写一个真数字算式，因为7 + 2也等于9。

2. 圈出正确的算式，重写错误的算式让它变正确。

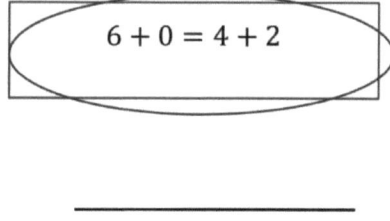

　　5 + 2 = 6 + 1

我知道5 +1等于6，而6 +1等于7。6不等于7。我可以通过将5 +1更改为5 + 2来使这个数字算式正确，使其等于7。

3. 找出缺少的部份让算式成立。

7 + 1 = 4 + __4__　　　　　　　4 + 3 = __5__ + 2

我知道7 +1等于8。因此，另一边也必须等于8才能使它成为真数字算式。我知道我的双数：4 + 4 = 8。缺少的部分是4。

第十八课： 通过配对等式和建立正确的算式来了解等号的含义。

姓名 _____ 日期 _____

1. 下面的图片不相等。让图片相等，并写下正确的算式。

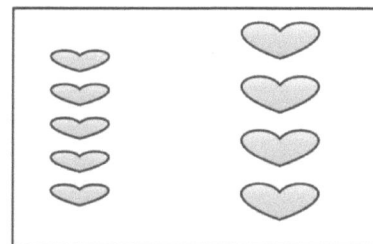   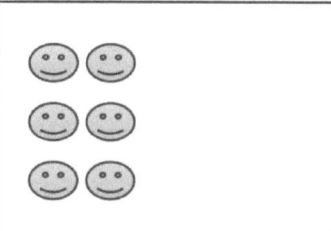

_____   _____

2. 圈出正确的算式，重写错误的算式让它变正确。

a. 4 = 4

b. 5 + 1 = 6 + 1

c. 3 + 2 = 5 + 0

_____   _____   _____

d. 6 + 2 = 4 + 4

e. 3 + 3 = 6 + 2

f. 9 + 0 = 7 + 2

_____   _____   _____

g. 4 + 3 = 2 + 4

h. 8 = 8 + 0

i. 6 + 3 = 5 + 4

_____   _____   _____

3. 找出缺少的部份让算式成立。

a.

$8 + 0 = \underline{} + 4$

b.

$7 + 2 = 9 + \underline{}$

c.

$5 + 2 = 4 + \underline{}$

d.

$5 + \underline{} = 6 + 0$

e.

$6 + \underline{} = 4 + 3$

f.

$5 + 4 = \underline{} + 3$

单位的故事　　　　　　　　　　　　　　　　　　　　　第十九课家庭作业助手　1·1

1. 用图片写出数字链。然后，写下匹配的算式。

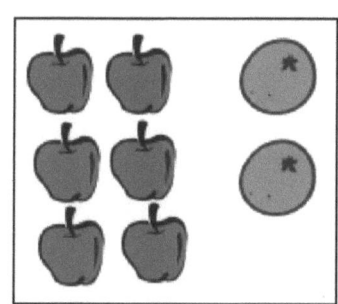   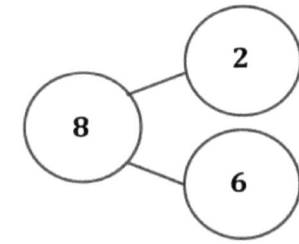

$\underline{2} + \underline{6} = \underline{8}$

$\underline{6} + \underline{2} = \underline{8}$

> 我可以按任何顺序相加，但是从6开始并数2会更容易。六，七，八！我喜欢计数策略！

2. 写下算式以匹配数字链。

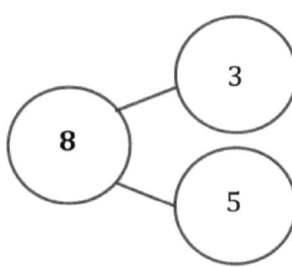

$\underline{3} + \underline{5} = \underline{8}$

$\underline{5} + \underline{3} = \underline{8}$

> 对于这两个数字算式，部分分别为3和5，总数等于8。我求解时加数的顺序无关紧要。

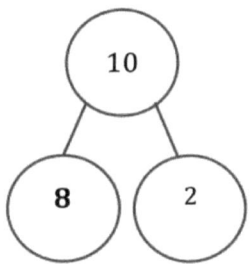

$\underline{8} + \underline{2} = \underline{10}$

$\underline{2} + \underline{8} = \underline{10}$

> 由于总数为10，一个部分为2，因此知道另一部分必须为8。我知道我的伙伴有10个，我可以按任意顺序相加它们，即8 + 2或2 + 8。

第十九课：　更换加数的位置（共同特性）来表示相同的情境故事。

姓名 _____ 日期 _____

1. 用图片写出数字链。然后，写下匹配的算式。

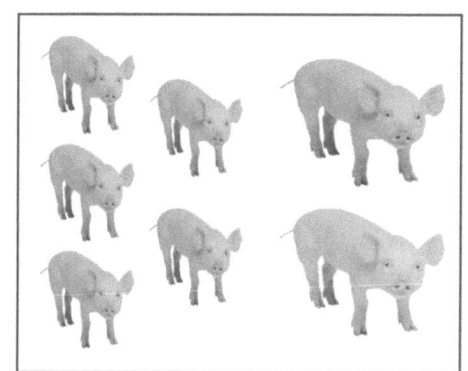 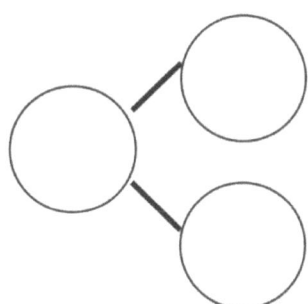   ____ + ____ = ____

____ + ____ = ____

2. 写下算式以匹配数字链。

a.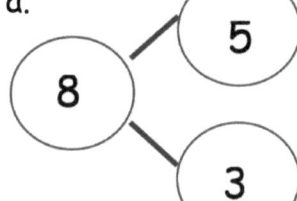

____ + ____ = ____

____ + ____ = ____

b.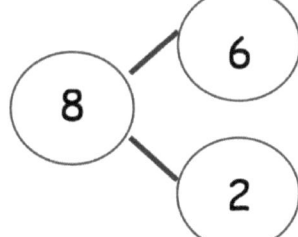

____ = ____ + ____

____ = ____ + ____

c.
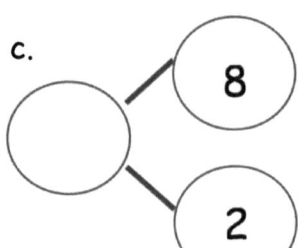

_____ + _____ = _____

_____ + _____ = _____

d.
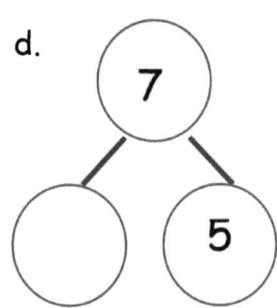

_____ + _____ = _____

_____ + _____ = _____

e.
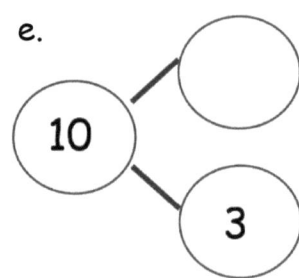

_____ = _____ + _____

_____ = _____ + _____

f.
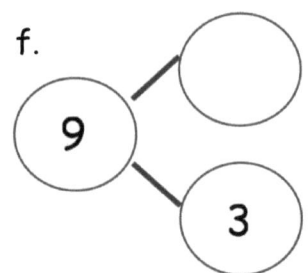

_____ + _____ = _____

_____ + _____ = _____

1. 给较大的部分上色，并完成数字链。从较大的部份开始写出算式。

  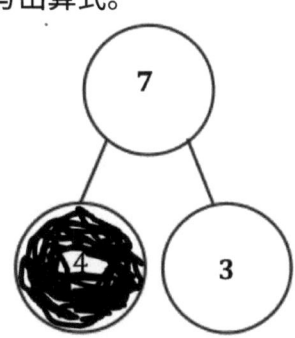

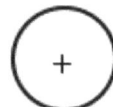 +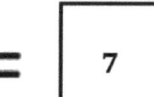

> 4 + 3等于3 + 4。对于我来说，从较大的加法项开始计数更快：4，5、6、7。

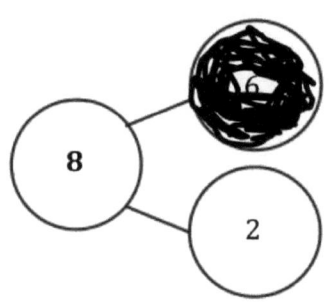

_6_ + _2_ = _8_

> 当我从较大的加数开始时，就不必计数太多：6，7、8！

姓名 _____ 日期 _____

给较大的部分上色，并完成数字链。
从较大的部份开始写出算式。

1.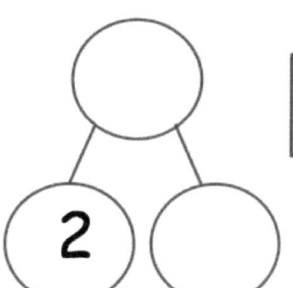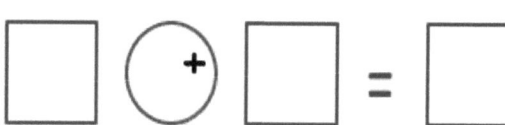

2. □ ⊕ □ = □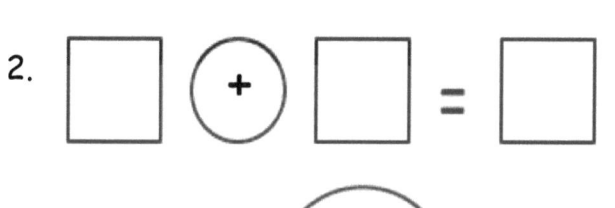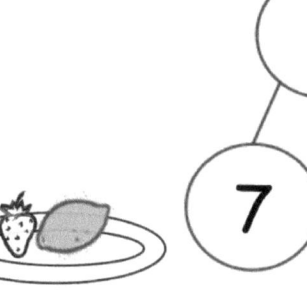

3. 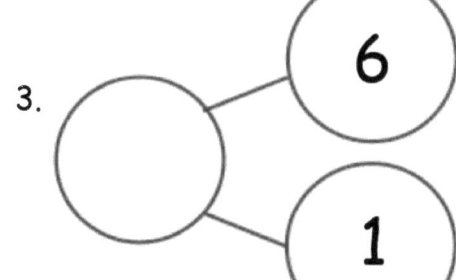   ____ + ____ = ____

4. 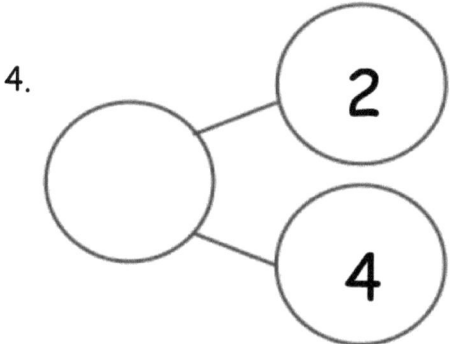   ____ + ____ = ____

第二十课： 应用共同特性以便从一个较大的加数开始计数。

5.

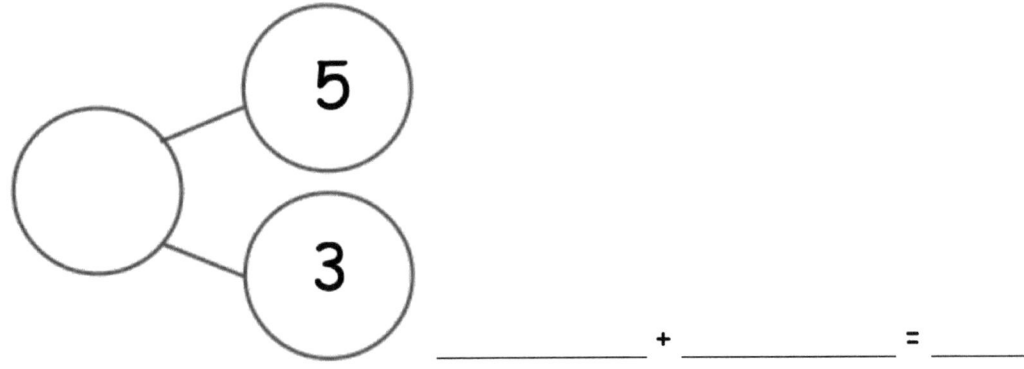

_____ + _____ = _____

6.

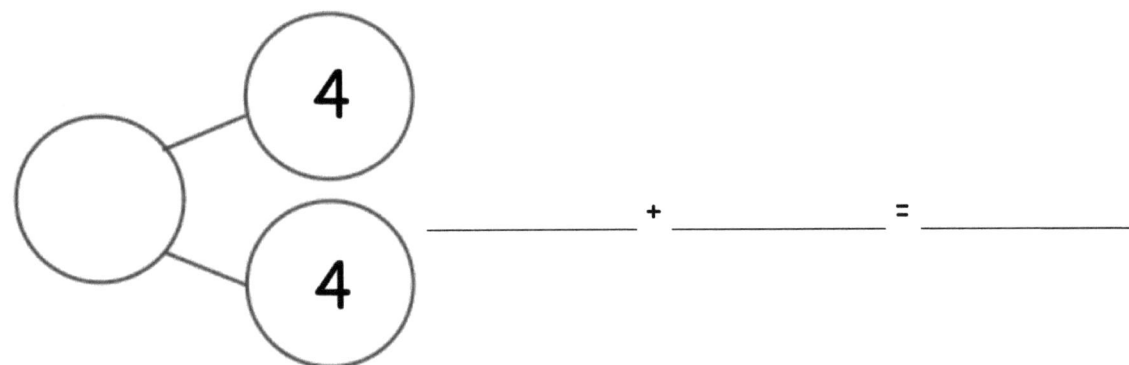

_____ + _____ = _____

7.

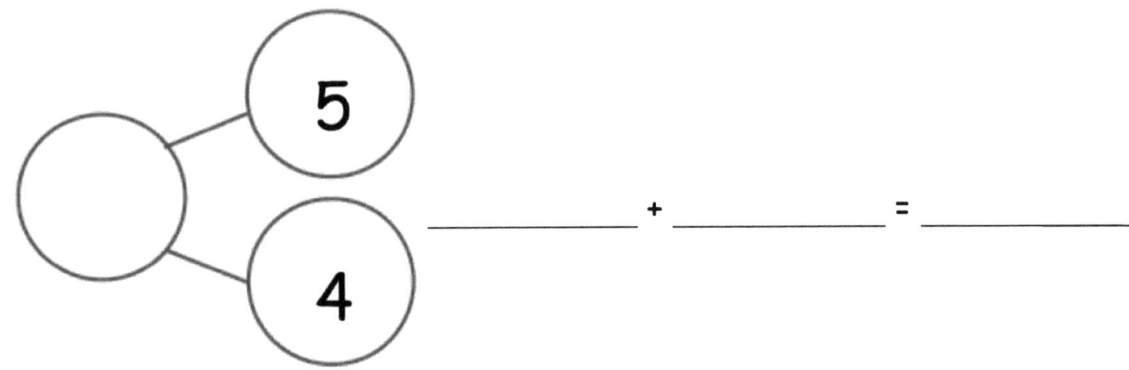

_____ + _____ = _____

1. 画 5-组卡以表示加倍。写出算式以匹配卡片。

   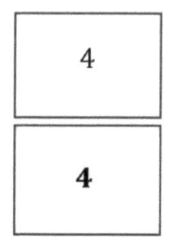

   $4 + 4 = 8$

   > 我可以两次相加相同的数字,例如4 + 4 = 8。这就是所谓的双数因子,我可以在脑海中看到闪烁的双数手指... 4加上4等于8。

2. 依序从小到大填入 5-组卡,让数字加倍并写出算式。

   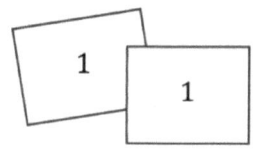   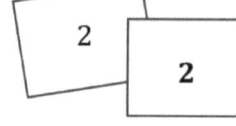

   $1 + 1 = 2$ $2 + 2 = 4$

   > 我知道我的加倍事实:1 + 1 = 2。2 + 2 = 4。下一个将是3 + 3 = 6。就像以2的倍数计数:2、4、6。

3. 让上面的卡匹配下面的卡以表示加倍加 1。

   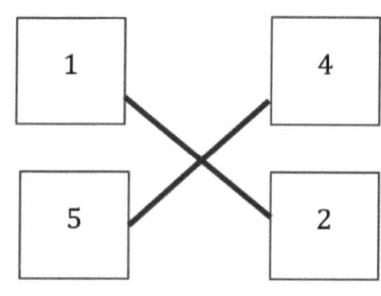

   > 因为我知道4 + 4 = 8,所以我知道我的加倍加上1,4 + 5 = 9。我可以想象5-组卡片以帮助解题。加倍加1事实只加1个点!

4. 解答算式。写出帮助你解答加倍加 1 的加倍表达式。

   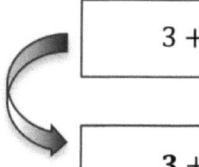

   $3 + \underline{4} = 7$

   $3 + 3 = 6$

   > 3 + 4与3 + 3有关,因为它是加倍再加1。3 + 4中隐藏有一个加倍事实。

第二十一课: 用 5-组卡让加倍视觉化并解答加倍与加倍加 1。

单位的故事　　　　　　　　　　　　　　　　　　　　　　第二十一课家庭作业 1•1

姓名 _____　　　　　日期 _____

1. 画 5-组卡以表示加倍。写出算式以匹配卡片。

   a.

   b.

   c.

   _____　　_____　　_____

2. 依序从小到大填入 5-组卡，让数字加倍并写出算式。

   a.

   b.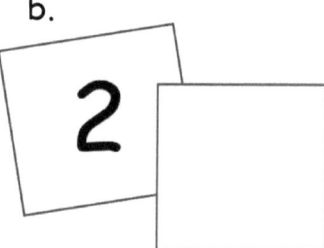

   c.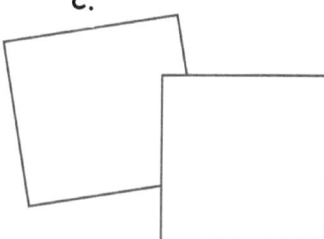

   _____　　_____　　_____

   d.

   e.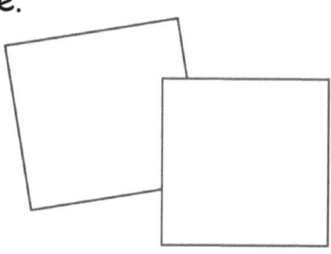

   _____　　_____

第二十一课：　用 5-组卡让加倍视觉化并解答加倍与加倍加 1。

3. 解答算式。

a. 3 + 3 = ___

b. 5 + ___ = 10

c. 1 + ___ = 2

d. 4 = ___ + 2

e. 8 = 4 + ___

4. 让上面的卡匹配下面的卡以表示加倍加 1。

a. 1
b. 4
c. 3
d. 2

a. 5
b. 2
c. 3
d. 4

5. 解答算式。写出帮助你解答加倍加 1 的加倍表达式。

a. 2 + 3 = ___

b. 3 + ___ = 7

c. 4 + ___ = 9

 不数完全部就解答问题。用提示把格子上色。

第一步：把有"+ 1"或"1 +"的题目涂成蓝色 (B)。
第二步：把剩下有"+ 2"或"2 +"的题目涂成绿色 (G)。
第三步：把剩下有"+ 3"或"3 +"的题目涂成黄色 (Y)。

a. B $8 + 1 = \underline{9}$	b. B $9 + \underline{1} = 10$	c. Y $3 + 5 = \underline{8}$	d. Y $5 + 3 = \underline{8}$
e. G $6 + \underline{2} = 8$	f. Y $4 + \underline{3} = 7$	g. B $6 + 1 = \underline{7}$	h. G $\underline{2} + 8 = 10$

在c和d部分中，就像我们以不同顺序相加时一样。总数是一样的！

在部分a和b中，我每次可以加1，总和就增加1。这只是下一个计数数字！

在e和h部分中，我可以想到每次计数都加2。

第二十二课： 用 5-组卡让加倍视觉化并解答加倍与加倍加 1。

姓名 _____ 日期 _____

 不数完全部就解答问题。用提示把格子上色。

第一步：把有 " + 1" 或 " 1 +" 的题目涂成蓝色。

第二步：把剩下有 " + 2" 或 " 2 +" 的题目涂成绿色。

第三步：把剩下有 " + 3" 或 " 3 +" 的题目涂成黄色。

a. $7 + 1 = \_\_$	b. $8 + \_\_ = 9$	c. $3 + 1 = \_\_$	d. $5 + 3 = \_\_$
e. $5 + \_\_ = 7$	f. $4 + \_\_ = 7$	g. $6 + 3 = \_\_$	h. $8 + \_\_ = 10$
i. $2 + 1 = \_\_$	j. $1 + \_\_ = 2$	k. $1 + \_\_ = 4$	l. $6 + 2 = \_\_$
m. $3 + \_\_ = 6$	n. $6 + \_\_ = 7$	o. $3 + 2 = \_\_$	p. $5 + 1 = \_\_$
q. $2 + 2 = \_\_$	r. $4 + \_\_ = 6$	s. $4 + 1 = \_\_$	t. $7 + 2 = \_\_$
u. $2 + \_\_ = 3$	v. $9 + 1 = \_\_$	w. $7 + 3 = \_\_$	x. $1 + \_\_ = 3$

单位的故事 第二十三课家庭作业助手

填写缺少的空格,算出所有表达式的总和。用填写完成的加法图表来帮助你。

5 + 2 **7**	5 + 3 **8**
6 + 2 **8**	**6 + 3** **9**
7 + 2 **9**	7 + 3 **10**
8 + 2 **10**	

> 我可以看到哪些表达式等于8。它们组成一条对角线。看,总数9和10做同样的事情!

> 我知道此列中缺少8 + 2的表达式,因为这些是+2因子。当我看第一个加数时,我看到它每次增加1:5、6、7、…所以下一个是8!

3 + 4 **7**	3 + 5 **8**	3 + 6 **9**
4 + 4 **8**	4 + 5 **9**	**4 + 6** **10**
5 + 4 **9**	**5 + 5** **10**	
6 + 4 **10**		

> 每列底部的总数为10。它们看起来像楼梯!

> 我知道在此框中写4 + 6。在每一行中,第一个加数保持不变,但是第二个加数增加1,因此4 + 4、4 + 5、4 + 6。总数也增加了1:8、9、10。

第二十三课: 通过寻找和上色相同总和的题目来寻找和运用加法图表的架构。

姓名 _____ 日期 _____

填写缺少的空格，算出所有表达式的总和。用填写完成的加法图表来帮助你。

1.

1 + 2	1 + 3
2 + 2	
3 + 2	3 + 3

2.

6 + 1	6 + 2
7 + 1	
	8 + 2
9 + 1	

3.

4 + 4	4 + 5	
5 + 4		
6 + 4		

4.

2 + 4		2 + 6
	3 + 5	

单位的故事 第二十四课家庭作业助手 1•1

1. 解答并排序算式。排序时，一个算式可以出现在多个位置。

| 5 + 1 = __6__ | 5 + 2 = __7__ | 2 + 3 = __5__ |

| 3 + 3 = __6__ | 10 = 1 + __9__ | __9__ = 5 + 4 |

加倍	加倍 + 1	+1	+2	心算视觉化的5-组
3 + 3 = 6	2 + 3 = 5	5 + 1 = 6	5 + 2 = 7	5 + 1 = 6
4 + 4 = 8	9 = 5 + 4	10 = 1 + 9	8 + 2 = 10	5 + 2 = 7
	3 + 4 = 7			9 = 5 + 4

看看加倍数+1因子！我可以将它们排序，然后构建：2 + 3、3 + 4、4 + 5。总数每次增加2：5, 7, 9。

我可以看到5-组卡。我看到顶部一排5点，在底部一排4点。

2. 写下你自己的算式，把它们加进图表里。

| 4 + 4 = 8 | 8 + 2 = 10 | 3 + 4 = 7 |

3 + 3和4 + 4是相关事实。4 + 4是下一个加倍事实。

3 + 4是加倍+1事实。加倍事实是3 + 3 = 6。4等于1加上3，所以我知道3 + 4 = 7。

第二十四课： 练习建立数字到10的掌握度。

单位的故事　　　　　　　　　　　　　　　　　　　　　　第二十四课家庭作业　1•1

姓名 _____　　日期 _____

解答并排序算式。排序时，一个算式可以出现在多个位置。

5 + 1 = _____	6 + 2 = _____	2 + 3 = _____
3 + 3 = _____	7 + 1 = _____	2 + 2 = _____
_____ = 4 + 4	8 + 2 = _____	3 + 4 = _____
_____ = 5 + 4	10 = 1 + _____	_____ = 5 + 2

加倍	加倍 + 1	+ 1	+ 2	心算视觉化的 5-组

写下你自己的算式，把它们加进图表里。

第二十四课：　练习建立数字到10的掌握度。

单位的故事

解答并练习数学事实。

1 + 0	1 + 1	1 + 2	1 + 3	1 + 4	1 + 5	1 + 6	1 + 7	1 + 8	1 + 9
2 + 0	2 + 1	2 + 2	2 + 3	2 + 4	2 + 5	2 + 6	2 + 7	2 + 8	
3 + 0	3 + 1	3 + 2	3 + 3	3 + 4	3 + 5	3 + 6	3 + 7		
4 + 0	4 + 1	4 + 2	4 + 3	4 + 4	4 + 5	4 + 6			
5 + 0	5 + 1	5 + 2	5 + 3	5 + 4	5 + 5				
6 + 0	6 + 1	6 + 2	6 + 3	6 + 4					
7 + 0	7+1	7 + 2	7 + 3						
8 + 0	8 + 1	8 + 2							
9 + 0	9 + 1								
10 + 0									

1. 把总数分解成几部分。写一个数字链和加法与减法算式来匹配叙述。

   Jane 抓到了 9 条鱼。她在吃午餐之前抓到了 7 条鱼。她在午餐后抓了几条鱼？

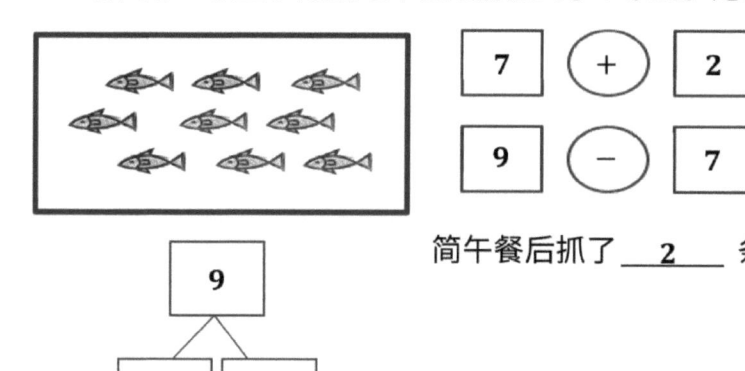

   简午餐后抓了 __2__ 条鱼。

   > 我可以使用计数法和加法算式来解题。七, 八, 九!

   > 由于我了解整数和一部分, 因此我也可以使用减法求出另一部分。

2. 画一张图来解答数学叙述。

   Jenna 有 3 颗草莓。Sanjay 给了她更多的草莓。现在 Jenna 有 8 颗草莓。Sanjay 给她几颗草莓？

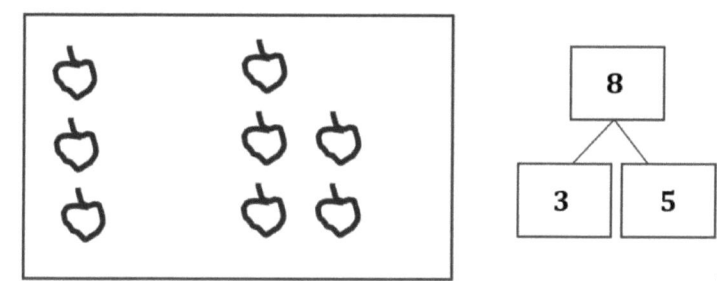

   Sanjay给了她 __5__ 颗草莓

   > 8代表Jenna的草莓总数。3代表Jenna起初的草莓数量。我知道总数和一部分。我需要求出另一部分。

   > 我的两个算式都匹配我的数字链！加法和减法都有部分和全部。

第二十五: 用加法解答加上变化未知的数学故事，并与减法关联。用材料建模，并写下相应的算式。

姓名 _____　　　日期 _____

把总数分解成几部分。写一个数字链和加法与减法算式来匹配故事。

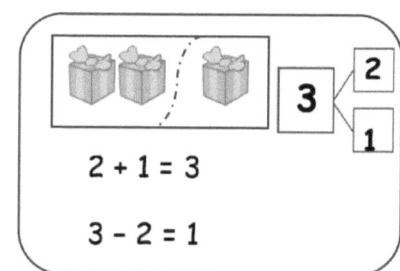

1. 星期一开了 6 朵花。星期一开了更多花。现在有 8 朵花。星期二开了几朵花？

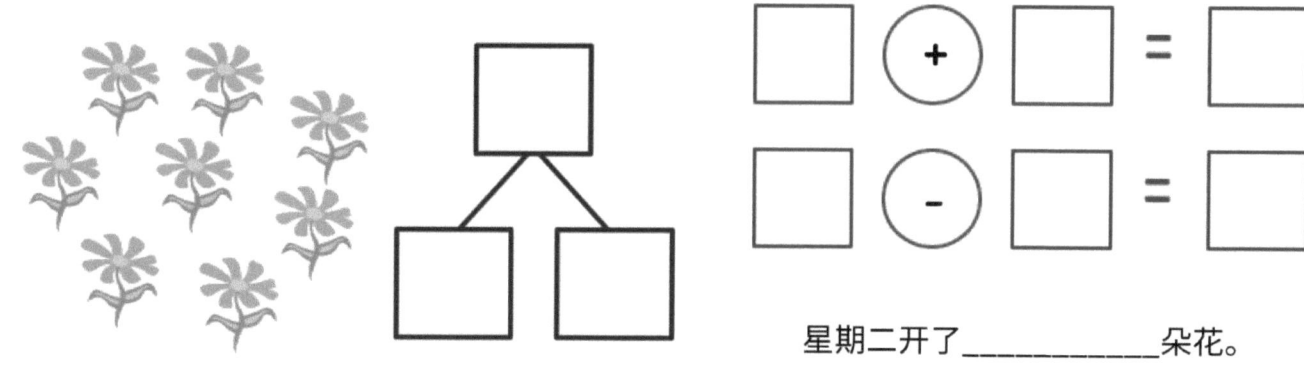

星期二开了_____朵花。

2. 下面是妈妈买的气球。她买了 4 颗气球给 Bella，其他的气球是买给 Jim 的。她给 Jim 买了几颗气球？

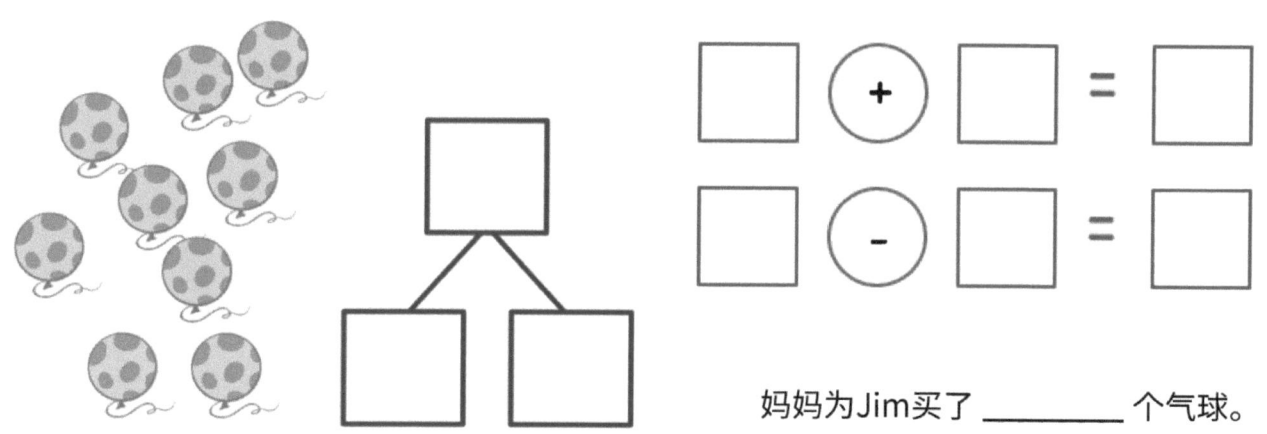

妈妈为 Jim 买了_____个气球。

画图解答数学故事。

3. 小姐买了一些纸杯蛋糕和 2 片饼干。现在她有 6 个甜点。她买了几个纸杯蛋糕？

 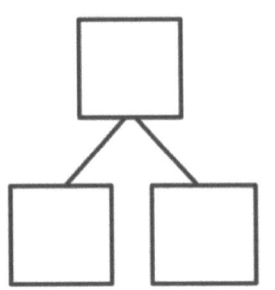 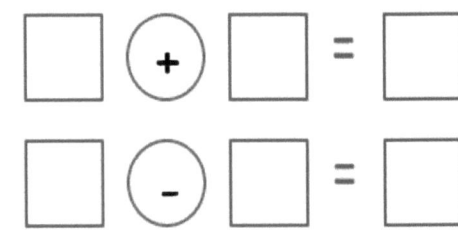

小姐买了_____个纸杯蛋糕。

4. Jim 邀请了 9 个朋友参加他的派对。3 个朋友迟到了，其余的早到了。有几个朋友早到了？

 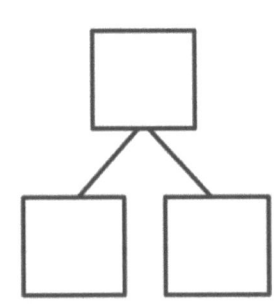 

_____ 个朋友早到了。

5. 妈妈在双手涂上指甲油。她先把 2 只涂成红色。然后她把其他的涂成粉红色。有多少指甲是粉红色的？

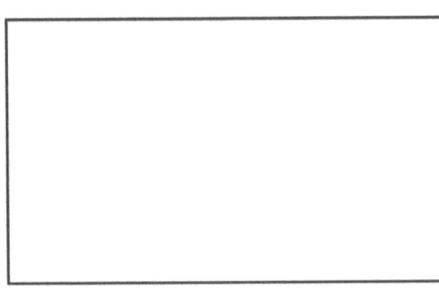 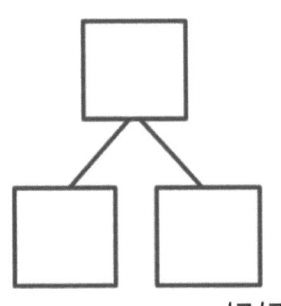  

妈妈把 _____ 个指甲涂成粉红色。

1. 用数字路径来解题。

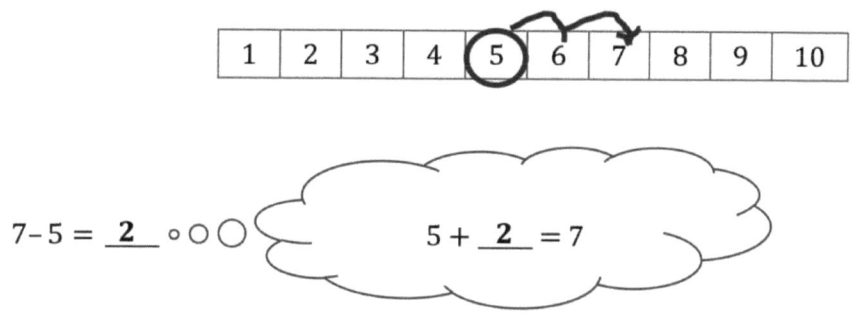

要解决7-5,我可以认为"5加某个数等于7"。我可以从5开始计数直到我得到7。得到7需要2跳,因此7-5 = 2。这与思考5 + 2 = 7相同。

7 – 5 = __2__   5 + __2__ = 7

2. 用数字路径帮你解题。

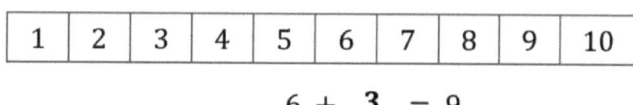

9 – 6 = __3__   6 + __3__ = 9

现在,我已经练习了,我实际上不必在数字路径上圈出数字并绘制箭头。我可以用铅笔尖想象跳跃。为了解决9-6,我将从6开始并数到9。这就像解决我缺少的加数问题一样。6 + 3 = 9,所以9-6 = 3。

姓名 _____   日期 _____

用数字路径来解题。

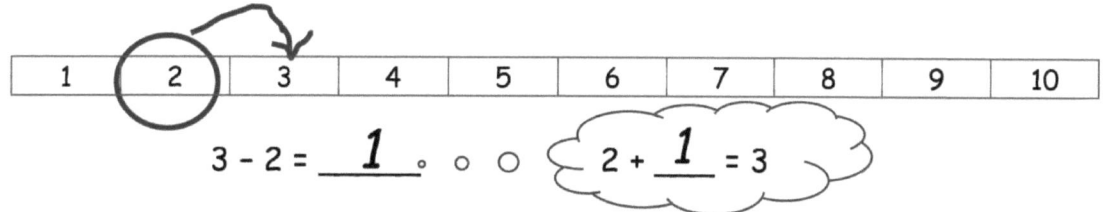

3 - 2 = __1__ 。   2 + __1__ = 3

1. | 1 | 2 | 3 | 4 | 5 | 6 | 7 | 8 | 9 | 10 |

5 - 3 = _____   3 + ___ = 5

2. | 1 | 2 | 3 | 4 | 5 | 6 | 7 | 8 | 9 | 10 |

a. 8 - 6 = _____   6 + ____ = 8

b. 7 - 4 = _____   4 + ____ = 7

c. 8 - 2 = _____   _____

d. 9 - 6 = _____   _____

第二十六： 用数字路径计数找出未知的部份。

用数字路径来解题。匹配可以帮助你的加法算式。

| 1 | 2 | 3 | 4 | 5 | 6 | 7 | 8 | 9 | 10 |

3. a. 6 - 4 = _____ | 6 + 4 = 10 |

   b. 9 - 5 = _____ | 10 = 7 + 3 |

   c. 10 - 6 = _____ | 4 + 5 = 9 |

   d. 10 - 7 = _____ | 6 = 4 + 2 |

4. 把数字链写成一个加法和减法算式。你可以用数字路径来解题。

| 1 | 2 | 3 | 4 | 5 | 6 | 7 | 8 | 9 | 10 |

a. 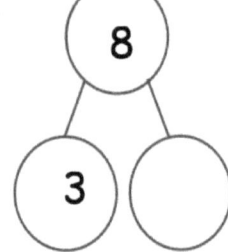 _____

b. 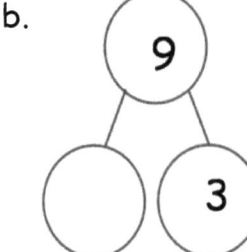 _____

1. 用数字路径来完成数字链，然后写出一个加法和减法算式来匹配。

| 1 | 2 | 3 | 4 | 5 | 6 | 7 | 8 | 9 | 10 |

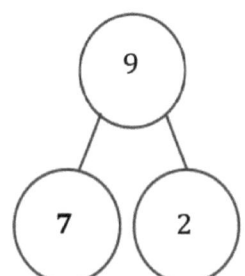

$9 - 2 = 7$

$2 + 7 = 9$

> 我可以使用2跳从9倒数。我得到7。这表示7是缺失的数字键。9-2 = 7和2 + 7 = 9。

2. 解答算式。选择最佳的解题方法。勾选空格。

 正数    倒数

a. $9 - 1 = \underline{\ 8\ }$ ☐   **X**

b. $8 - 7 = \underline{\ 1\ }$ **X**   ☐

> 对于9-1，倒数更快，因为那只会倒数跳一次。9-1 = 8。
>
> 虽然8和7靠得很近，所以从7开始计数更快。
>
> 7 + 1 = 8，所以仅向前跳了1次。

第二十七： 用数字路径计数找出未知的部份。

3. 解答算式。选择最佳的解题方法。用数字路径表示原因。

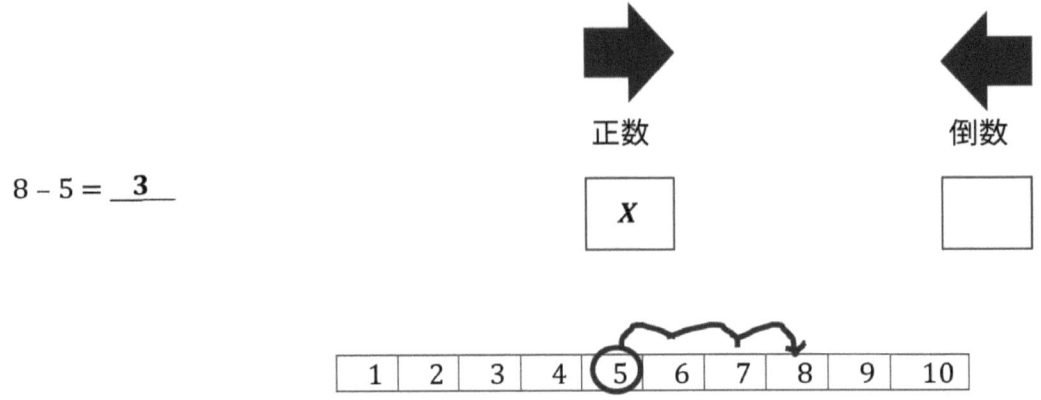

$8 - 5 = \underline{\ 3\ }$

我数数 __上__ 因为它需要跳几次。

> 8和5是靠在一起的数字。当数字靠在一起时，数数更快。我将从5开始，数3跳就得到8。

4. 画数学图或写出算式表示为什么这个是最好的。

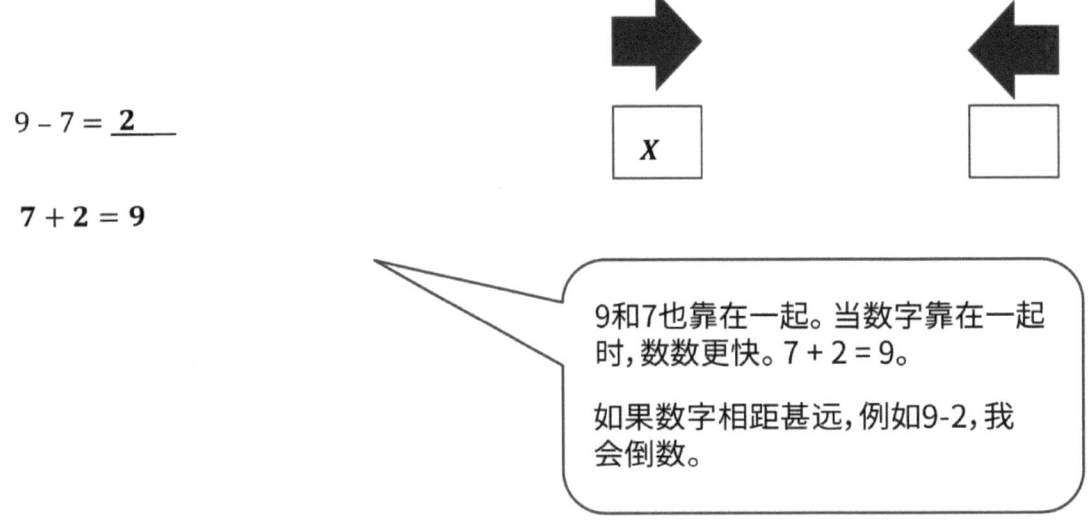

$9 - 7 = \underline{\ 2\ }$

$7 + 2 = 9$

> 9和7也靠在一起。当数字靠在一起时，数数更快。$7 + 2 = 9$。
>
> 如果数字相距甚远，例如9-2，我会倒数。

姓名 _____ 日期 _____

用数字路径来完成数字链,然后写出一个加法和减法算式来匹配。

1.

数字路径

| 1 | 2 | 3 | 4 | 5 | 6 | 7 | 8 | 9 | 10 |

a. 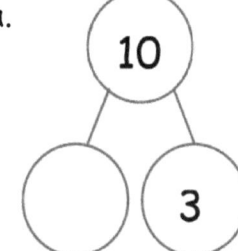 _____

_____

b.  _____

_____

2. 解决数字句子。选择最佳的解决方法。选中复选框。

计数　　　倒数

a. 9 - 7 = _____　　□　　□

b. 8 - 2 = _____　　□　　□

c. 7 - 5 = _____　　□　　□

3. 解决数字句子。选择最佳的解决方法。用数字路径表示原因。

计数 →　　　　倒数 ←

a. 7 - 5 = _____   □   □

| 1 | 2 | 3 | 4 | 5 | 6 | 7 | 8 | 9 | 10 |

我 _____ 数,因为要数的点比较少。

b. 9 - 1 = _____   □   □

| 1 | 2 | 3 | 4 | 5 | 6 | 7 | 8 | 9 | 10 |

我 _____ 数,因为要数的点比较少。

c. 10 - 8 = ___   □   □

画数学图或写出算式表示为什么这个是最好的。

读故事。制作数学绘图来解决。

Bob买了9辆新玩具车。他从包里拿出2个。包里还有几辆车?

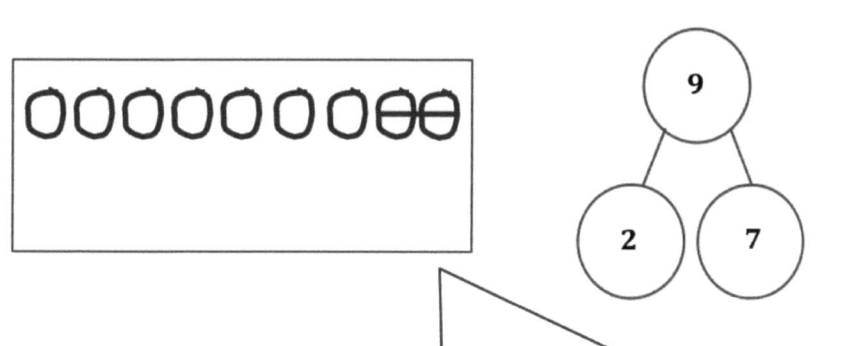

$9 - 2 = 7$

包里仍然有 7 辆汽车。

我可画9个圆圈表示9辆玩具车。然后我可以划掉2,因为Bob从包里拿出2。剩下7个圈。这些是仍在包中的7辆车。

在数字链中,我可以说明9是汽车总数。拿出的部分是2。剩下的部分是7。

$9 - 2 = 7$.

姓名 _____ 日期 _____

读故事。制作数学绘图来解决。

例题：3-2=1

1. 烤架上有6根热狗。两条煮熟后被拿走了。烤架上还有几根热狗？

   6 ___ -- = ___

   烤架上还有_____根热狗。

2. Bob买了8辆新玩具车。他从包里拿出3个。包里还有几辆车？

   ___ - ___ - = ___

   _____ 辆车还在在包里。

3. Kira在树上看到7只鸟。三只鸟飞走了。多少只鸟还在树上？

   ___ - ___ - = ___

   _____ 只鸟儿仍然在树上。

第二十八课： 解决从结果未知带有数学绘图的数学故事，真数字句子和陈述，使用水平标记划掉带走的东西。

4. Brad有9个朋友参加聚会。六个朋友被接走了。还有多少朋友在聚会?

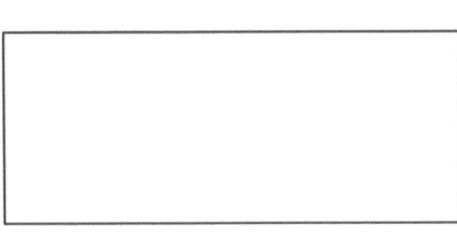 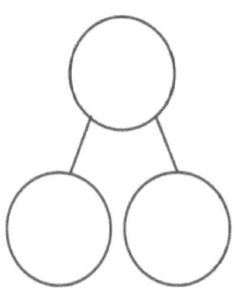

_____ - _____ = _____

_____ 个朋友友还在聚会。

5. Jordan正在玩10辆车。他给了Kate7辆。Jordan现在有几辆车?

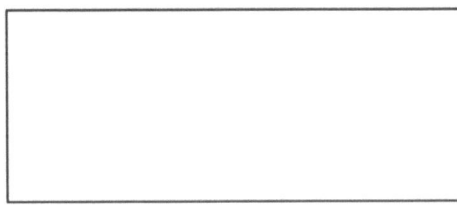 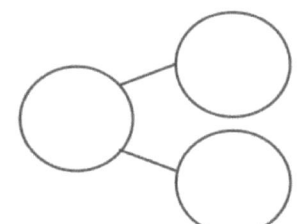

_____ - _____ = _____

Jordan 现在有 _____ 辆车。

6. Tony从书架上拿了四本书。书架上本来有十本书。现在书架上有几本书?

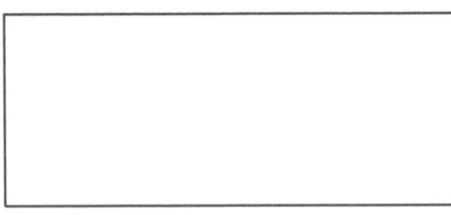 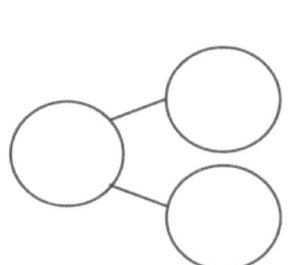

_____ - _____ = _____

书架上现在有_____本书。

阅读数学故事。制作数学绘图来解决。

Tom有一盒8支蜡笔。3支蜡笔是红色的。多少个蜡笔不是红色的?

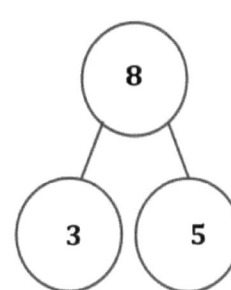

$\underline{8} - \underline{3} = \underline{5}$

$\underline{5}$ 支蜡笔不是红色的。

> 我可以绘制8个圆圈表示8支蜡笔。我可以圈出三支红色的蜡笔。剩下5支不是红色的蜡笔。
>
> 在数字键中,我可以说明8是蜡笔的总数。红色部分为3。不是红色的部分是5。
>
> $$8 - 3 = 5.$$
>
> 我的答案是 $\underline{5}$ 支蜡笔不是红色的。

姓名 _____ 日期 _____

阅读数学故事。制作数学绘图来解决。 5 - 4 = 1

1. Tom有一盒7支蜡笔。五个蜡笔是红色的。多少个蜡笔不是红色的?

   ____ - ____ = ____

   ____支蜡笔不是红色的。

2. Mary摘了8朵花。两朵是雏菊。其余的是郁金香。她摘了多少郁金香?

   ____ - ____ = ____

   玛丽挑选郁金香。

3. 碗里有9个水果。四个是苹果。其余的是橘子。有多少个水果是橘子?

   ____ - ____ = ____

   碗里有____个橘子。

第二十九课: 解决与未知分离带有数学绘图的数学故事,等式和陈述,圈出已知部分以找出未知数。

单位的故事　　　　　　　　　　　　　　　　　　　　　第二十九课家庭作业　1•1

4. 妈妈和Ben正在制作10个饼干。六个是星星。其余的都是圆形的。多少个饼干是圆的？

　　____ - ____ = ____

　　有____个饼干是圆形的。

5. 停车场有7个车位。停车场停了两辆车。停车场可以停多少辆车？

　　____ - ____ = ____

　　停车场还可以停_____辆车。

6. Liz有2根手指用绷带包扎。几根手指没有受伤？

　　____ - ____ = ____

为您的答案写一个陈述：

122　　第二十九课：　解决与未知分离带有数学绘图的数学故事，等式和陈述，圈出已知部分以找出未知数。

解决数学故事。画并贴上图片数字链即可解决。圈出未知数。

Lee共有9辆车。他在玩具盒中放入了6，并将其余的带到朋友的家中。Lee带几辆车去他朋友的家？

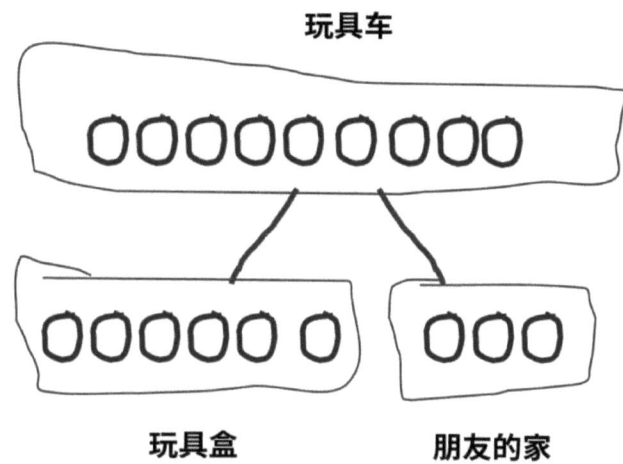

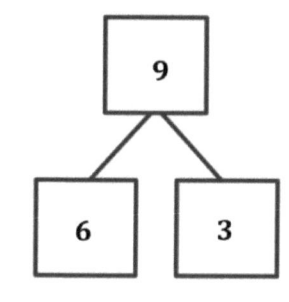

$\underline{\;6\;} + \underline{\;3\;} = 9$

$9 - \underline{\;6\;} = \underline{\;3\;}$

Lee带了 __3__ 辆车去他朋友的家。

我可以画9个圆圈表示9辆车。我在玩具盒中放了6个圆圈，然后我计数，同时在盒子里再画了一辆车，上面写着"朋友的家"。又多了3辆车。Lee带了3辆车去他朋友的家。

在数字链中，我可以说明9是玩具车总数。他放入玩具箱的部分是6，而他随身携带的部分是3。

$6 + 3 = 9.$

$9 - 6 = 3.$

第三十课： 解决添加到更改未知带图画的数学故事，有关加法和减法。

姓名 _____   日期 _____

解决数学故事。画并贴上图片数字链即可解决。圈出未知数。

1. Grace共有7个洋娃娃。她在玩具盒中放了2个，其余的带到了朋友家。她带几个娃娃去朋友家？

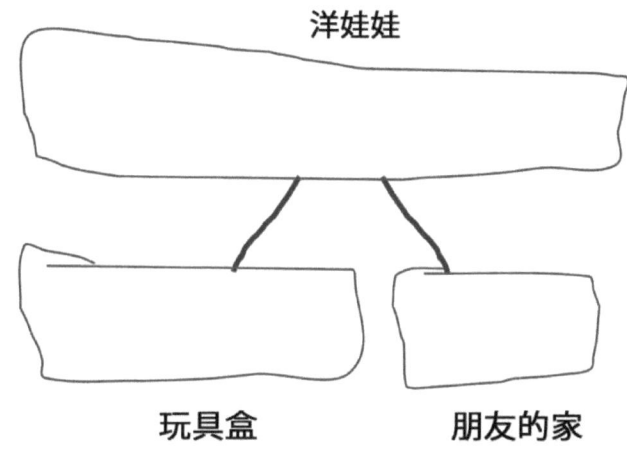

Grace 带 _____ 个玩具去朋友家。

_____ + _____ = 7

7 - _____ = _____

2. Jack可以邀请8个朋友参加他的生日聚会。他发出了3个邀请。他还需要发出多少邀请？

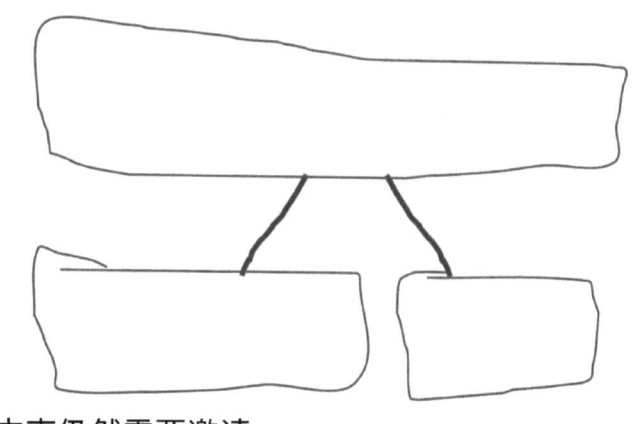

杰克仍然需要邀请。

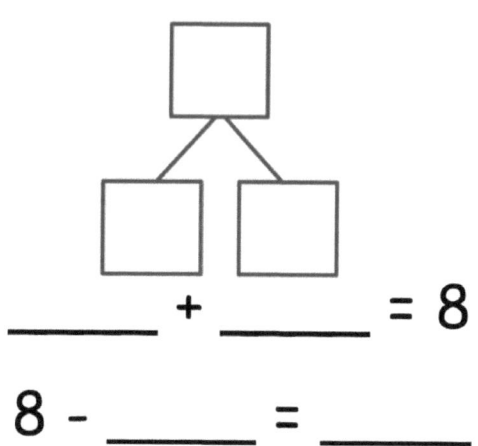

_____ + _____ = 8

8 - _____ = _____

3. 公园里有9条狗。五只狗玩球。其余的都在吃骨头。几只狗在吃骨头？

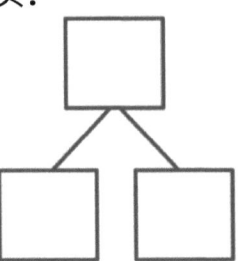

____ + ____ = 9

_____ 只狗在吃骨头。

____ - ____ = ____

4. Jim班上有10名学生。七个在学校买了午餐。其余的从家里带来午餐。有多少学生从家里带来午餐？

____ + ____ = ____

____ - ____ = ____

_____ 个学生从家里带来午餐。

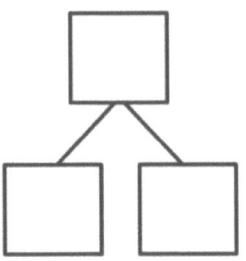

单位的故事 第三十一课家庭作业助手 1•1

下面的示例问题显示了两个可能的算式。两者都被认为是合理和正确的。如果您的孩子选择写下第一个算式,建议他/她在解决方案周围画一个方框。

绘制一个数学图并圈起您知道的部分。划掉未知部分。完成算式和数字链。
一家商店的架子上有6件衬衫。现在,架子上有2件衬衫。卖了几件衬衫?

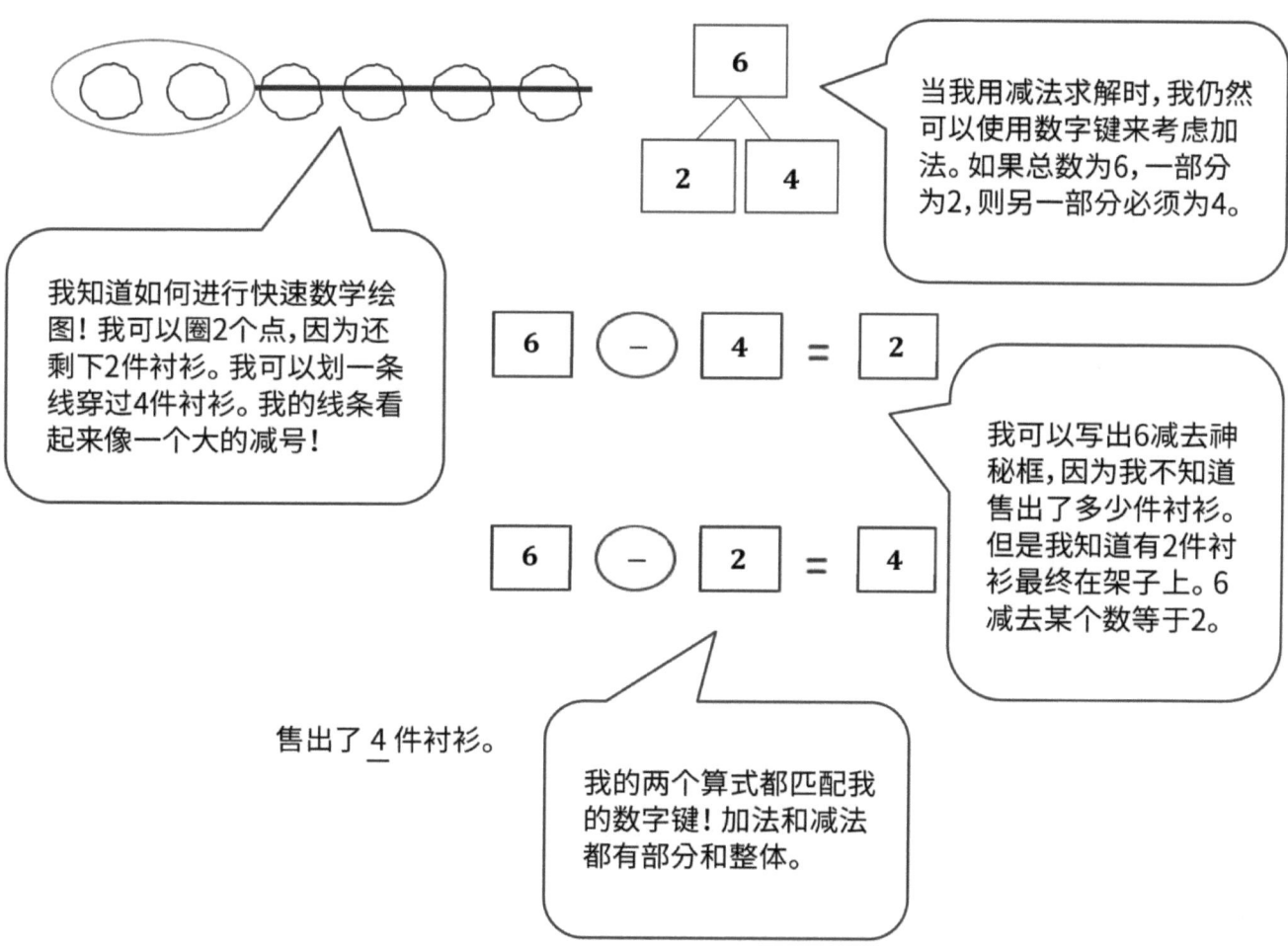

售出了 4 件衬衫。

第三十一课： 用图画解决减去但改变未知的数学故事。

姓名 _____ 日期 _____

绘制一个数学图，并圈起来您知道的部分。
划掉未知部分。
完成算式和数字链。

例题 3 - 1 = 2

1. Missy生日那天得到了6份礼物。她解开一些。四个仍然包裹着。她拆了多少礼物？

   Missy 拆了 _____ 份礼物。

2. Ann 有一个 8 支记号笔。一些掉在地上。盒子里还有六支。地板上掉了几支记号笔？

   _____ 支记号笔掉在地上。

3. Nick为他的朋友们制作了7个纸杯蛋糕。他们吃了一些纸杯蛋糕。现在，剩下5个。他们吃了多少纸杯蛋糕？

   _____ 个纸杯蛋糕被吃掉了。

4. 某一只狗有8根骨头。它藏了一些。它仍然有5根骨头。它藏了多少根骨头？

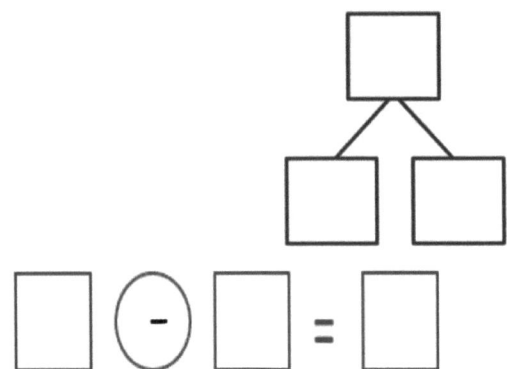

它藏了_____根骨头。

5. 食堂桌子可容纳10名学生。一些座位被占用。七个座位空着。几个座位被占用了？

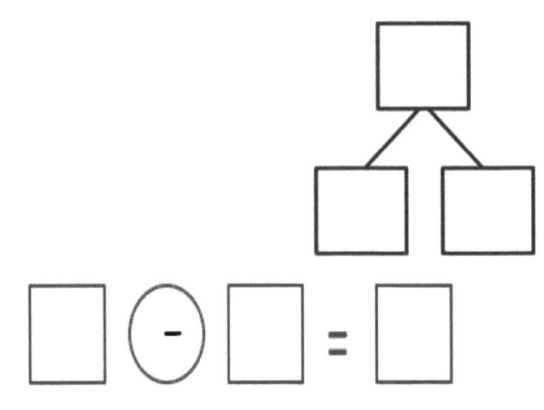

_____个座位被占用了。

6. Ron有十根口香糖。他给每个朋友一根口香糖。现在，他只剩下三根口香糖了。Ron与多少人分享了？

Ron与_____个朋友分享了口香糖。

单位的故事 第三十二课家庭作业助手 1•1

1. 将数学故事与讲故事的数字句子相匹配。制作数学绘图来解决。

   a.

   花瓶里有9朵花。
   5朵花是红色的。
   其余是黄色的。几朵花是黄色的？

   OOOOO OOOO

   3 + 7 = 10

   10 − 3 = 7

   b.

   篮子里有10个苹果。
   3个苹果是红色的。
   其余是青色的。几个苹果是青色的？

   5 + 4 = 9

   9 − 5 = 4

   对于第一个数学故事，我可以画5个圆代表红色花朵，然后我继续数数并画画直到有9个圆。我看到有四朵黄色的花。这个故事与第二个方框的数字算式搭配。我可以说因为总的花数是9朵。5加4等于9，而9减去5等于4。

   对于第二个数学故事，我可以画10个圆代表10个苹果。然后我可以圈出3个红色的。剩下7个青苹果。这与第一个方框的数字算式搭配。3加7等于10。

第三十二课： 用图画解决减去但改变未知的数学故事。

2. 使用数字链并通过图片讲述加减法的故事。写一个加减算式。

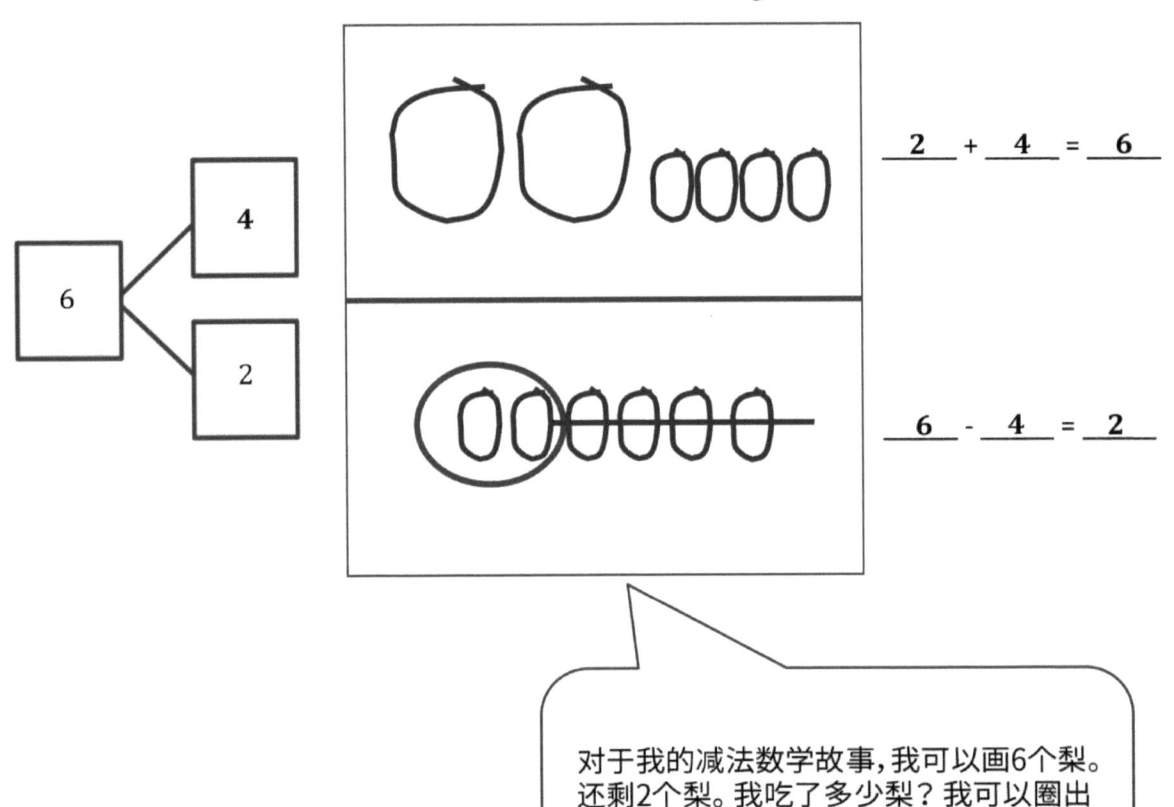

对于我的加法数学故事，我可以画2个大梨和4个小梨。有2个大梨和4个小梨。我总共有几只梨？这跟数字算式2加4等于6一样。

$\underline{\ 2\ } + \underline{\ 4\ } = \underline{\ 6\ }$

$\underline{\ 6\ } - \underline{\ 4\ } = \underline{\ 2\ }$

对于我的减法数学故事，我可以画6个梨。还剩2个梨。我吃了多少梨？我可以圈出剩下的2个梨，然后划掉我吃的梨。那表示我吃了4个梨。6减4等于2。

姓名 _____ 日期 _____

将数学故事与讲故事的算式相匹配。制作数学绘图来解决。

1. a.

   | 花瓶里有十朵花。
   6个是红色。
   其余为黄色。
   几朵花是黄色的？ |

   ☐ + ☐ = 9

   9 − ☐ = ☐

   b.

   一个篮子里有9个苹果。
   6个是红色。
   其余为青色。
   多少个苹果是青色的？

   3 + ☐ = 10

   10 − ☐ = ☐

   c.

   Kate涂了指甲。
   3个有设计。
   其余的都很普通。
   多少指甲是普通的？

   6 + ☐ = 10

   10 − 6 = ☐

使用数字链并通过图片讲述加减法的故事。写一个加减算式。

2.

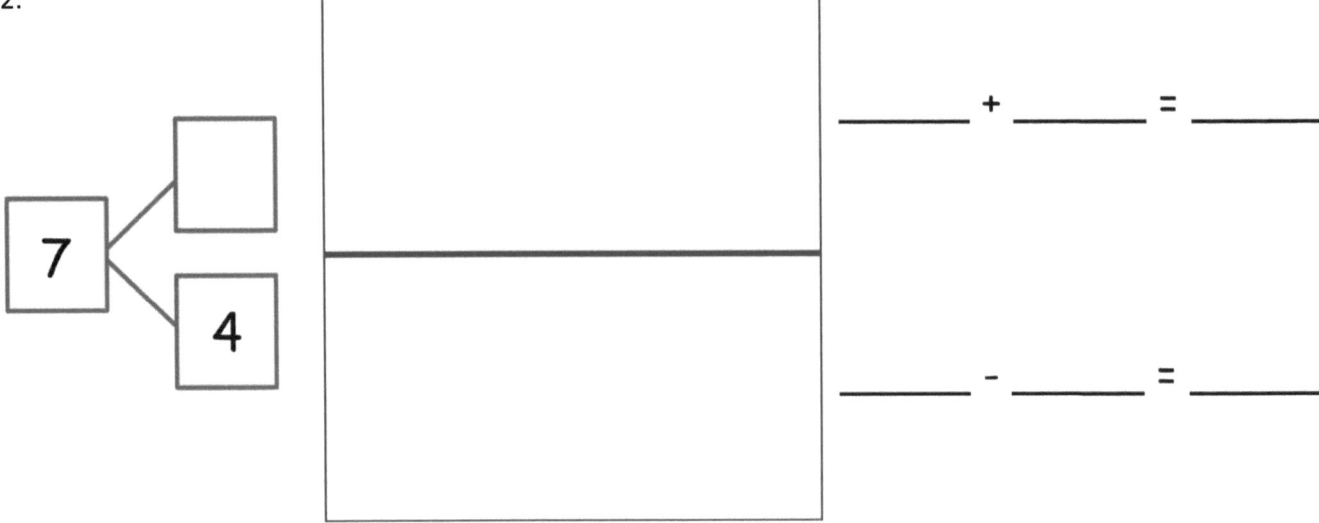

_____ + _____ = _____

_____ - _____ = _____

3.

_____ + _____ = _____

_____ - _____ = _____

单位的故事　　　　　　　　　　　　　　　　　　　　　　　第三十三课家庭作业助手　1•1

1. 显示减法。如果需要，为每个问题制作一个5组图。

   ●●●●●—

   5 − 1 = __4__   5 − 0 = __5__   我不确定5 − 1，所以我把它画出来，但是我知道5 − 0是5，所以我不需要画画。

2. 显示减法。如果需要，可以为每个问题制作一个类似于模型的5组图。

   7 − __1__ = 6   我要画这个来解决它。

   10 − __0__ = 10   我知道10−0 = 10，所以我不会画这个。

3. 写下减数算式以匹配5组图形。

   ●●●●● ○○○○

   __9__ − __0__ = __9__

4. 填写缺少的号码。可视化您的5组帮助您。

   9 − __1__ = 8   0 = 8 − __8__

   我可以想象9个圆圈。我要拿走多少才能剩下8个？只是1。我可以在心里去掉9个中的1个，就会剩下8个。

   这很棘手，但我可以解决。8减去某个数必须等于0。等号的两侧必须相同。8 − 8 与0相同。

第三十三课：　在模型上减去0减去1，并用减数算式建模。　　　135

姓名 _____ 日期 _____

显示减法。如果需要，对每个问题使用5组图。

1.

9 - 1个 = _____

2.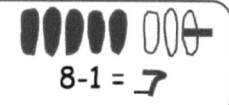

9 - 0 = _____

3.

6 - _____ = 6

4.

6 = 7 - _____

显示减法。如果需要，可以使用模型的5组图对于每个问题。

5.

9 - _____ = 9

6.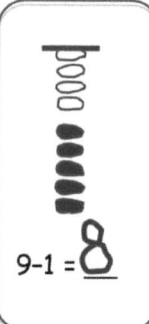

8 = 8 - _____

7.

10 - _____ = 9

8.

7 - _____ = 7

写下减数以匹配5组图。

9. ⬛⬛⬛⬛⬛̸

___ - ___ = ___

10. ⬛⬛⬛⬛⬛ ◯◯

___ - ___ = ___

11. ⬛⬛⬛⬛ ◯◯◯◯̸

___ - ___ = ___

12.

___ - ___ = ___

13.

___ - ___ = ___

14. 填写缺少的数字。可视化您的5组帮助您。

a. 7- ___ = 6

b. 0 = 7- ___

c. 8- ___ = 7

d. 6- ___ = 5

e. 8 = 9- ___

f. 9 = 10- ___

g. 10- ___ = 10

h. 9- ___ = 8

1. 减去。

    6 - 5 = <u>1</u>

2. 像上面那样制作一个5组图。显示减法。

    1 = 5 - <u>4</u>   5 - <u>5</u> = 0

3. 为每个问题制作一个类似于模型的5组图。显示减法。

    7 - <u>6</u> = 1

    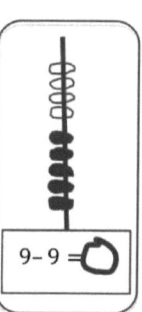

4. 写下减数算式以匹配5组图。

    <u>8</u> - <u>7</u> = <u>1</u>

5. 写出缺少的数字。可视化您的5组帮助您。

    7 - <u>6</u> = 1   1 = 8 - <u>7</u>

姓名 _____   日期 _____

划掉来减去。

1. ●●●●● ○○○○○   2. ●●●●● ○○○○   7-6 = 1

   10 - 10 = _____   9 - 8 = _____

像上面那样制作一个5组图。显示减法。

3.   4.

   1个 = _____ -7   8 - _____ = 0

5.   6.

   0 = _____ -7   6 - _____ = 1个

为每个问题制作一个类似于模型的5组图。显示减法。

7.   8.

   9 - _____ = 1个   0 = 8 - _____   9 - 9 = 0

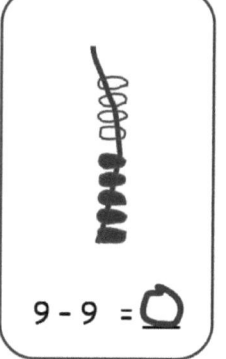

写下减数算式以匹配5组图。

9.  10.  11.

____ - ____ = ____   ____ - ____ = ____   ____ - ____ = ____

12.

13.

____ - ____ = ____   ____ - ____ = ____

14. 填写缺少的数字。可视化您的5组来帮助您。

a. 7 - ____ = 0   b. 1个 = 7 - ____

c. 8 - ____ = 1个   d. 6 - ____ = 0

e. 0 = 9 - ____   f. 1个 = 10 - ____

g. 10 - ____ = 0   h. 9 - ____ = 1个

单位的故事　　　　　　　　　　　　　　　　　　　　　第三十五课家庭作业助手　1•1

1. 解决算式集。寻找容易划掉的群组。

   要拿走5个,最简单的方法是将整个组的5个黑点划掉。我不必数它们。然后我还剩下3个白点。

   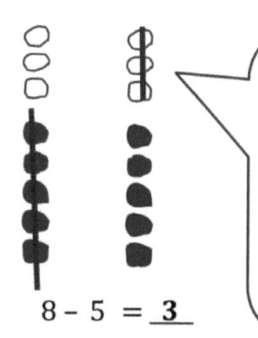

   要减去3,我可以划掉三个白点。它们是一个易于发现的组,然后我将剩下一组5个。我不必计数这些点,因为我知道我的5-组绘图中有5个黑点。

   8 − 5 = __3__
   8 − 3 = __5__

2. 减法。为上述每个问题制作数学图。写一个数字链。

   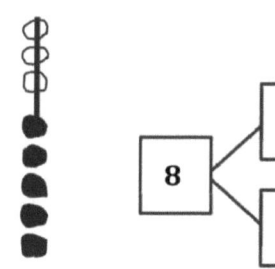

   我可以一次拿走5个黑点,然后可以看到剩下4个黑点就需要计数了。

   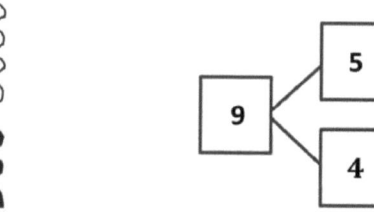

   8 − 4 = __4__　　　　　　　　　　　　　　　9 − 5 = __4__
                                                9 − __4__ = 5

   我知道4和4是双数相加等于8,所以8 − 4 = 4。

   我可以想象我的5-组绘图中有5个黑点和3个白点。那是8

3. 解题。可视化您的5组来帮助您。

   8 − __5__ = 3　　　如果我想象8,那是一组5个和一组3个。　　　__8__ − 3 = 5

第三十五课：　把涉及五和加倍的减法事实与相应的分解相关联。

4. 完成每个问题的算式和数字链。

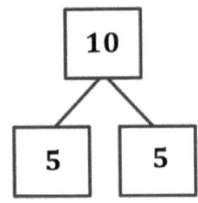

$10 - 5 = \underline{5}$

5. 将算式与可帮助您解决的策略相匹配。

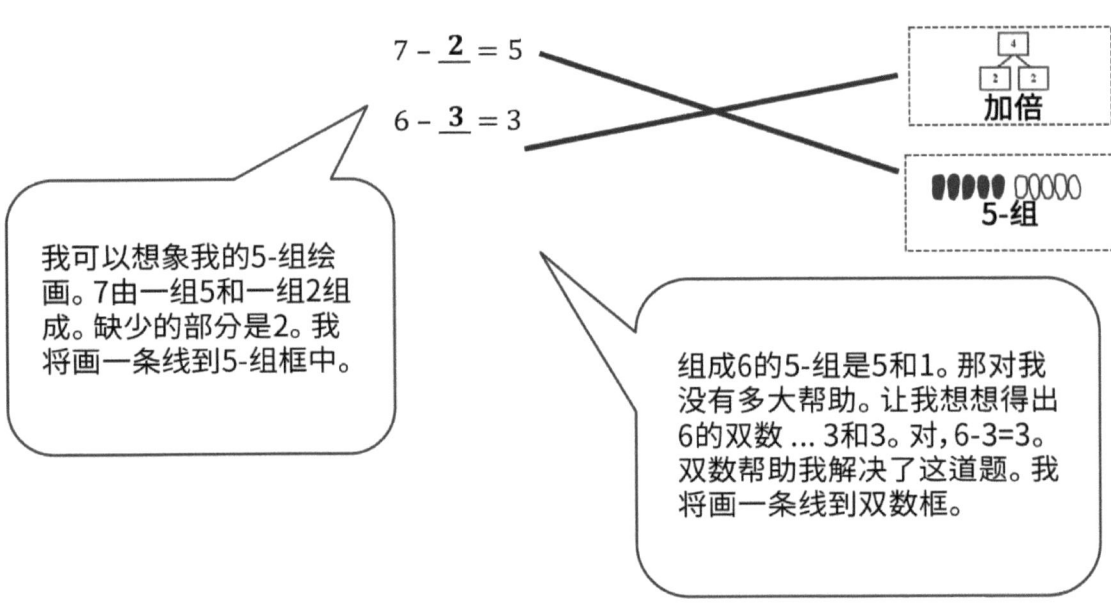

姓名 _____   日期 _____

解决算式集。寻找容易划掉的群组。

1. 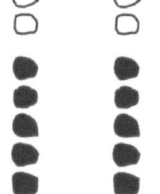   2. 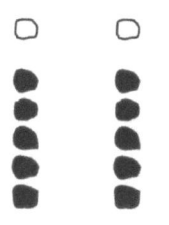   3.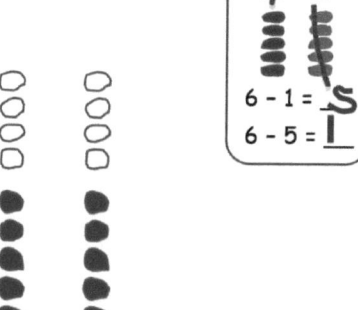

7 - 5 = ____   6 - 5 = ____   9 - ____ = 4

7 - 2 = ____   6 - 1 = ____   9 - ____ = 5

减法。为上述每个问题制作数学图。写一个数字链。

4.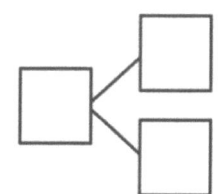

10 - 5 = ____

5.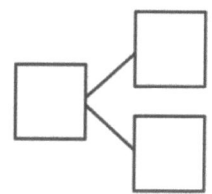

8 - 5 = ____

8 - ____ = 5

6. 解题。可视化5组来帮助您。

a. 9 - ____ = 4   b. ____ - 5 = 5   c. 8 - ____ = 5

d. ____ - 5 = 2   e. ____ - 5 = 3   f. ____ - 4 = 5

完成每个问题的算式和数字链。

7.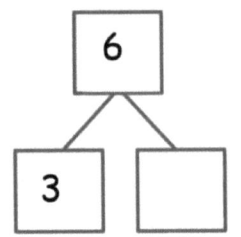

6 - 3 = ____

8.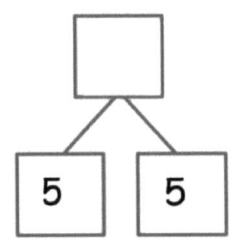

____ - 5 = 5

9.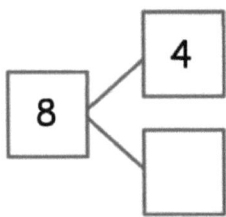

8 - ____ = 4

10. 将算式与可帮助您解决的策略相匹配。

a. 7 - ____ = 2

b. 8 - ____ = 3

c. 10 - ____ = 5

d. ____ - 3 = 3

e. 8 - ____ = 4

f. 9 - ____ = 5

加倍

■■■■■ ○○○○○
5-组

■■■■■ ○○○○○
5-组

加倍

■■■■■ ○○○○○
5-组

加倍

1. 解决算式集。寻找容易划掉的群组。

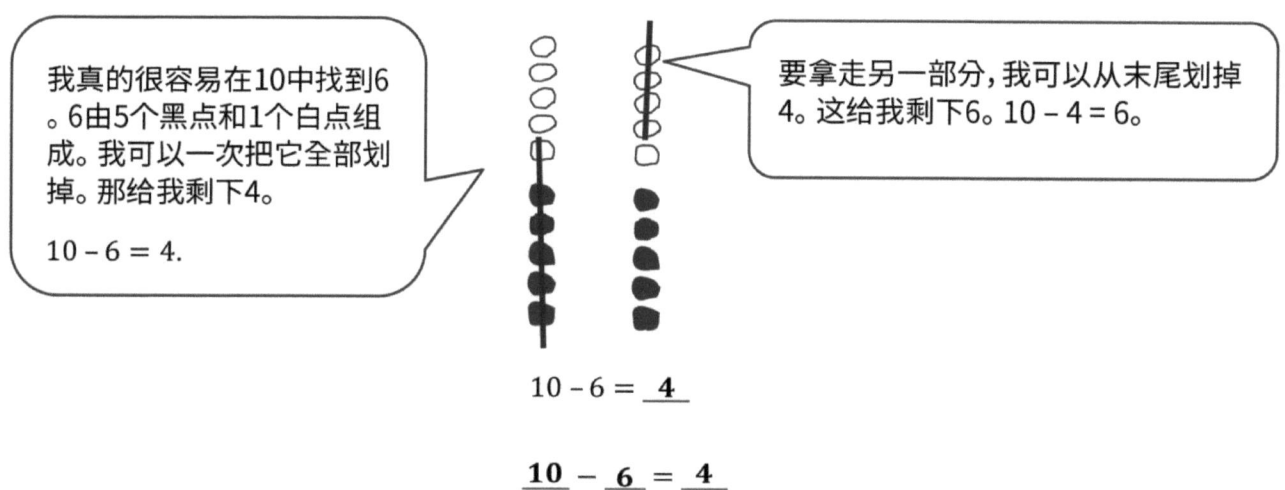

10 − 6 = __4__

__10__ − __6__ = __4__

2. 减法。然后写下相关的减法算式。如有需要,可进行数学绘图,并为每个数字完成数字链。

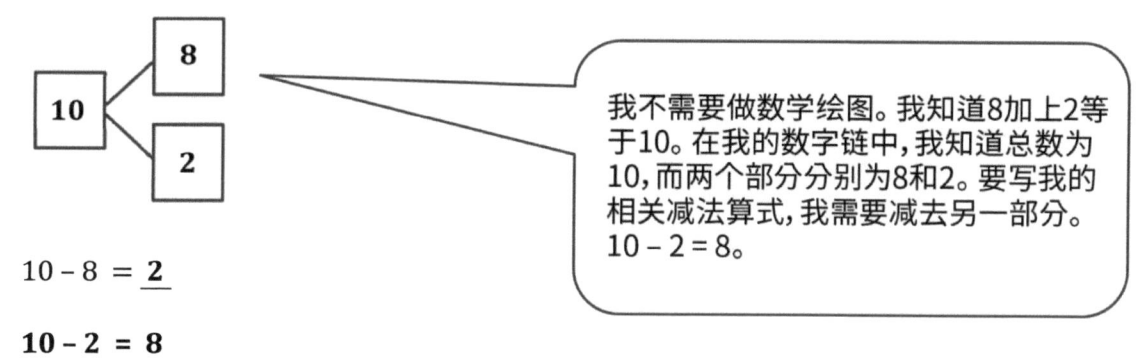

10 − 8 = __2__

10 − 2 = 8

3   完成每个问题的算式和数字链。将数字链匹配到相关的减法问题。写下其他相关的减法算式。

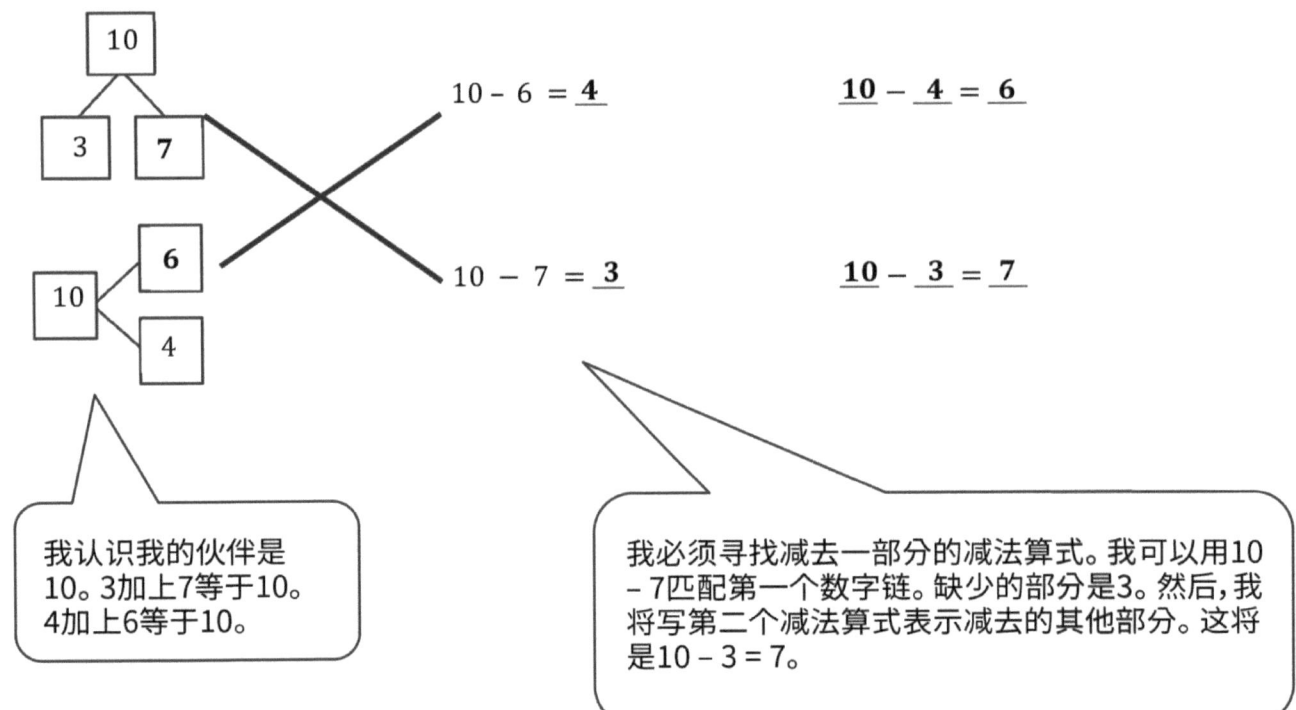

10 − 6 = __4__   __10__ − __4__ = __6__

10 − 7 = __3__   __10__ − __3__ = __7__

我认识我的伙伴是10。3加上7等于10。4加上6等于10。

我必须寻找减去一部分的减法算式。我可以用10 − 7匹配第一个数字链。缺少的部分是3。然后，我将写第二个减法算式表示减去的其他部分。这将是10 − 3 = 7。

姓名 _____ 日期 _____

绘画一个数学图，然后求解。使用第一个算式来帮助您写一个与您的图片匹配的算式。

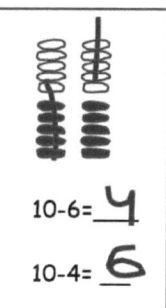

10-6= 4
10-4= 6

1.　　　　　　　　2.　　　　　　　　3.

10 - 2 = _____　　10 - 1 = _____　　10 - 7 = _____

___ - ___ = ___　　___ - ___ = ___　　___ - ___ = ___

减去。然后，写下相关的减法算式。如果需要，可以做一个数学图，并为每个数字完成一个数字链。

4. 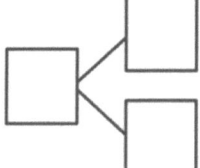　　5. 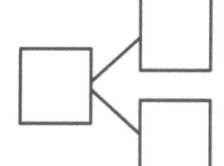　　6.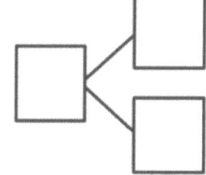

10 - 2 = ___　　10 - ___ = 9　　10 - ___ = 6

_____　　_____　　_____

7. 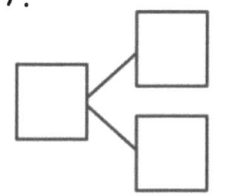　　8.

10 - ___ = 1　　___ = 10 - 5

_____　　_____

第三十六课： 把从10减去与相应分解相关联。

9. 完成数字链。将数字链匹配到相关的减法算式。写下其他相关的减法算式。

a. 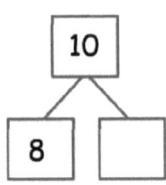   10 - 5 = _____   ____ - ____ = ____

b. 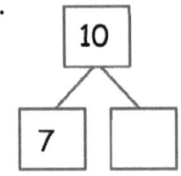   10 - 1 = _____   ____ - ____ = ____

c. 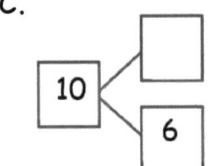   10 - 2 = _____   ____ - ____ = ____

d. 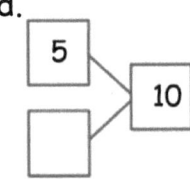   10 - 4 = _____   ____ - ____ = ____

e. 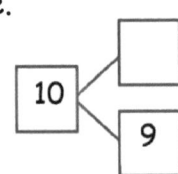   10 - 3 = _____   ____ - ____ = ____

单位的故事　　　　　　　　　　　　　　　　　　　　　第三十七课家庭作业助手　1•1

1. 制作 5-组图并解决。使用第一个算式可以帮助您编写与您的图片匹配的相关算式。

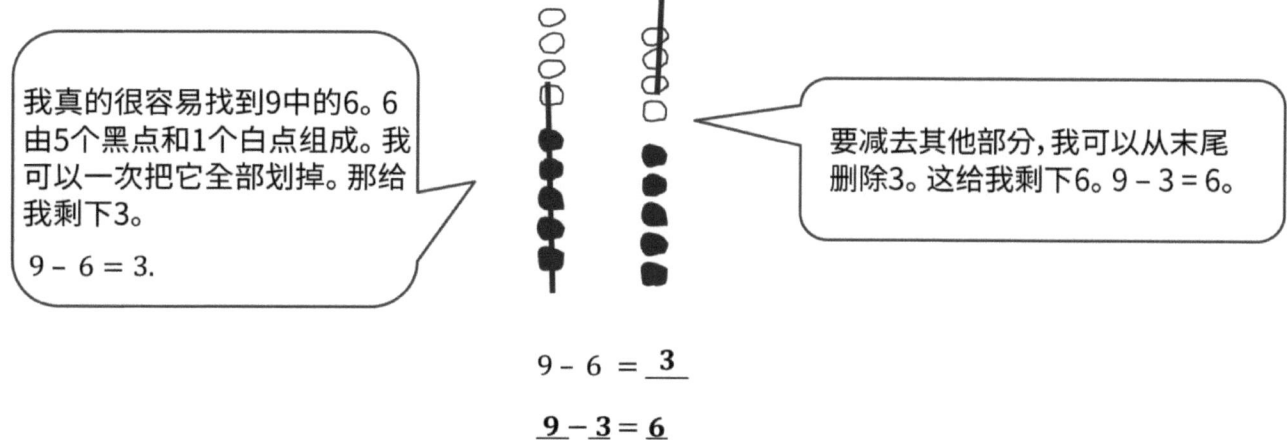

2. 减去。然后，写下相关的减法算式。如有需要，可进行数学绘图，并为每个数字完成数字链。

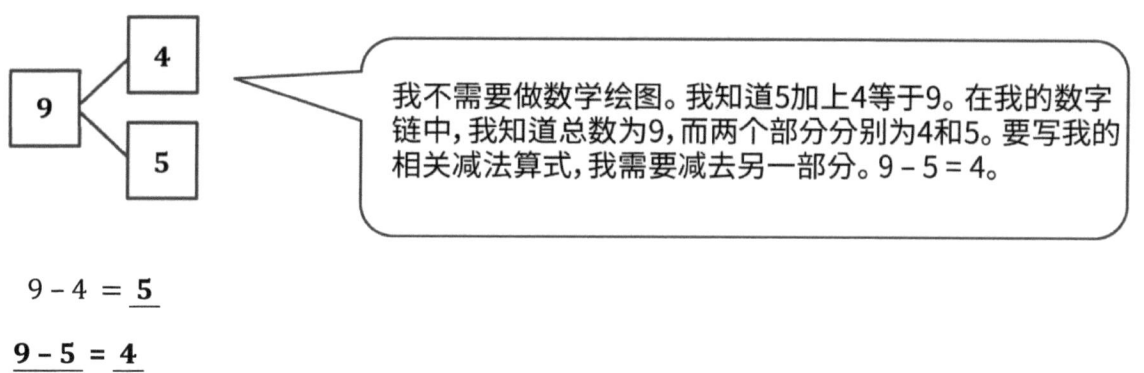

第三十七课：　把从9减去与相应的分解相关联。

3. 制作5-组图以帮助您完成数字链。将数字链匹配到相关的减法问题。写下其他相关的减法算式。

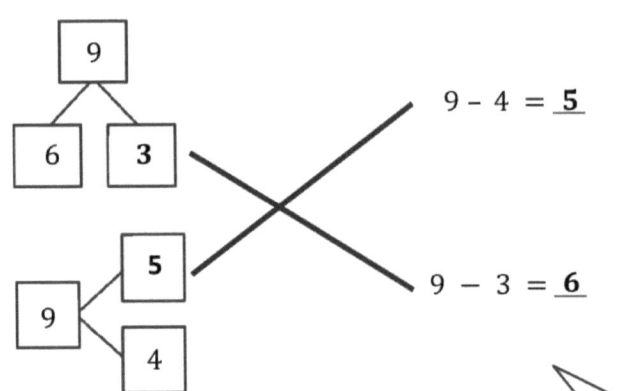

9 − 4 = __5__   __9__ − __5__ = __4__

9 − 3 = __6__   __9__ − __6__ = __3__

我能想到我的5-组图对我有帮助。当我想到9并减去4时，剩下5。如果需要，我可以画图，但是我不需要。9由5和4组成。

我必须寻找减去一部分的减法算式。我可以用9 − 3匹配第一个数字链。缺少的部分是6。然后，我将写第二个减法算式表示减去的其他部分。那将是9 − 6 = 3。

姓名 _____ 日期 _____

制作5组图并求解。使用第一个算式来帮助您写一个与您的图片匹配的算式。

1.　　　　　　　　　2.　　　　　　　　　3.

9 - 6 = 3
9 - 3 = 6

9 - 2 = ___　　　　9 - 8 = ___　　　　9 - 4 = ___

___ - ___ = ___　　___ - ___ = ___　　___ - ___ = ___

减去。然后，写下相关的减法算式。如果需要，可以做一个数学图，并为每个数字完成一个数字链。

4. 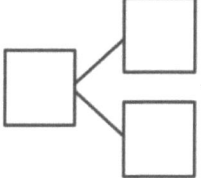　　5. 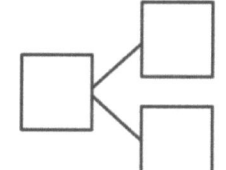　　6.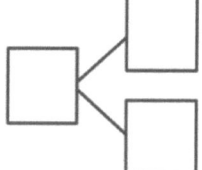

9 - 7 = ___　　　　9 - ___ = 9　　　　9 - ___ = 6

_____　　_____　　_____

7. 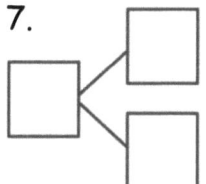　　　　　　　8.

　　　　　　　9 - ___ = 1　　　　　　　___ = 9 - 5

_____　　_____

9. 使用5组图来帮助您完成数字链。将数字链匹配到相关的减法算式。写下其他相关的减法算式。

a.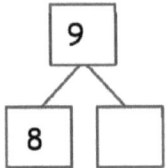

9 - 5 = _____   ___ - ___ = ___

b.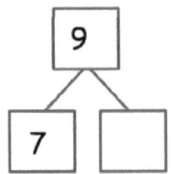

9 - 1 = _____   ___ - ___ = ___

c.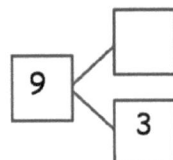

9 - 2 = _____   ___ - ___ = ___

d.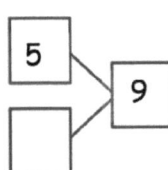

9 - 6 = _____   ___ - ___ = ___

e.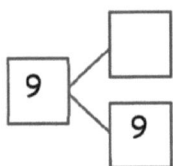

9 - _____ = 0   ___ - ___ = ___

找出并解答加倍和 5-组的加法问题。

给关联的减法事实制作减法抽认卡。（请记住，加倍只会产生1个相关的减法事实，而不是2个相关的事实。）

制作数字链卡，然后使用您的卡来玩记忆游戏。

5 + 0	5 + 1	5 + 2	5 + 3	5 + 4	5 + 5
6 + 0	6 + 1	6 + 2	6 + 3	6 + 4	
7 + 0	7 + 1	7 + 2	7 + 3		
8 + 0	8 + 1	8 + 2			
9 + 0	9 + 1				
10 + 0					

5 + 5 = 10是加倍事实，使用5-组。两个加数均为5。

5 + 4使用5-组，因为5是一个加数。我将制作减法抽认卡

9 − 5 = 4和9 − 4 = 5。该行具有使用5-组的更多因子。

5 + 4 = 9

9 − 4 = 5

5和4是构成9的部分。

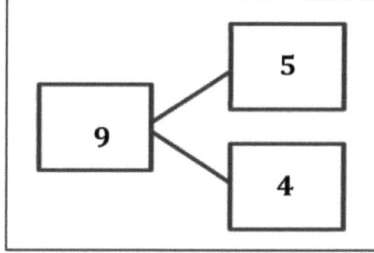

9 − 5 = 4

第三十八课： 使用加法表解决减法问题并寻找和使用重复的推理和结构。

单位的故事　　　　　　　　　　　　　　　　　　　　　　第三十八课家庭作业　1•1

姓名 _____　　日期 _____

找到并解决7个不加阴影的加倍问题，即加倍和5组。

为相关的减法事实制作减法抽认卡。（请记住，加倍只会产生1个相关的减法事实，而不是2个相关的事实。）

制作数字链卡，然后使用您的卡来玩记忆游戏。

1 + 0	1 + 1	1 + 2	1 + 3	1 + 4	1 + 5	1 + 6	1 + 7	1 + 8	1 + 9
2 + 0	2 + 1	2 + 2	2 + 3	2 + 4	2 + 5	2 + 6	2 + 7	2 + 8	
3 + 0	3 + 1	3 + 2	3 + 3	3 + 4	3 + 5	3 + 6	3 + 7		
4 + 0	4 + 1	4 + 2	4 + 3	4 + 4	4 + 5	4 + 6			
5 + 0	5 + 1	5 + 2	5 + 3	5 + 4	5 + 5				
6 + 0	6 + 1	6 + 2	6 + 3	6 + 4					
7 + 0	7 + 1	7 + 2	7 + 3						
8 + 0	8 + 1	8 + 2							
9 + 0	9 + 1								
10 + 0									

第三十八课：　使用加法表解决减法问题并寻找和使用重复的推理和结构。

单位的故事 第三十八课家庭作业 1•1

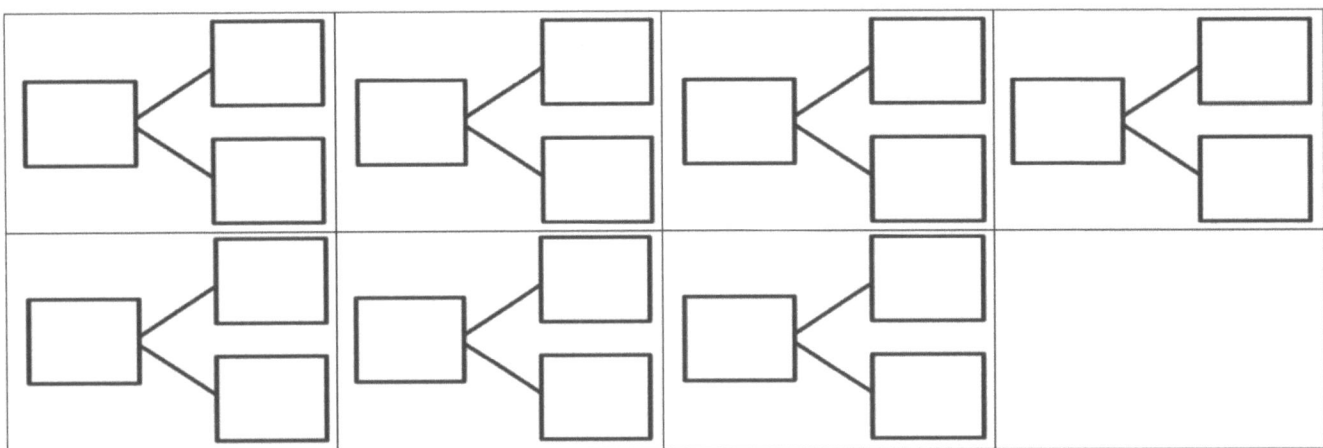

第三十八课: 使用加法表解决减法问题并寻找和使用重复的推理和结构。

单位的故事 第三十九课家庭作业助手

解决以下不加阴影的问题。写下两个具有相同数字链的减法事实。为了帮助您进一步练习加法和减法事实，请制作自己的数字链抽认卡。

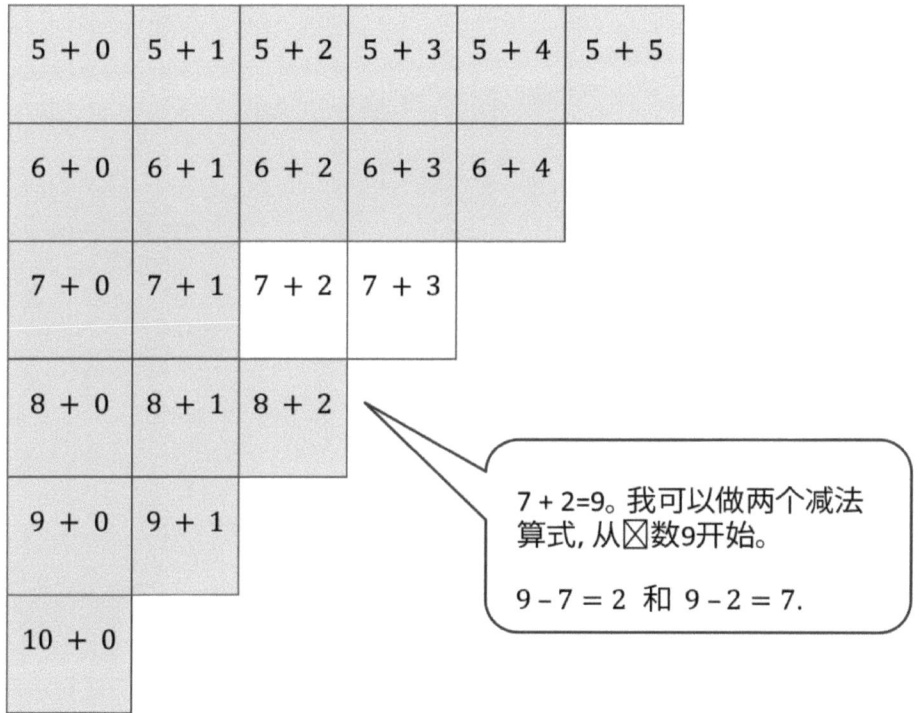

7 + 2 = 9。我可以做两个减法算式，从☒数9开始。

9 – 7 = 2 和 9 – 2 = 7.

9 – 7 = 2	9 – 2 = 7
10 – 7 = 3	10 – 3 = 7

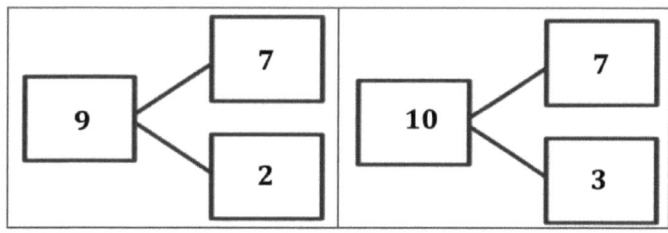

第三十九课： 分析加法图表以创建相关的加法集和减法事实。

单位的故事　　　　　　　　　　　　　　　　　　　　第三十九课家庭作业　1•1

名称 _____　　　日期 _____

解决以下不加阴影的问题。

1 + 0	1 + 1	1 + 2	1 + 3	1 + 4	1 + 5	1 + 6	1 + 7	1 + 8	1 + 9
2 + 0	2 + 1	2 + 2	2 + 3	2 + 4	2 + 5	2 + 6	2 + 7	2 + 8	
3 + 0	3 + 1	3 + 2	3 + 3	3 + 4	3 + 5	3 + 6	3 + 7		
4 + 0	4 + 1	4 + 2	4 + 3	4 + 4	4 + 5	4 + 6			
5 + 0	5 + 1	5 + 2	5 + 3	5 + 4	5 + 5				
6 + 0	6 + 1	6 + 2	6 + 3	6 + 4					
7 + 0	7 + 1	7 + 2	7 + 3						
8 + 0	8 + 1	8 + 2							
9 + 0	9 + 1								
10 + 0									

从图表中选择一个附加事实。使用网格来写两个具有相同数字链的减法事实。重复以制作一组减法抽认卡。为了帮助您更多地练习加法和减法事实，请使用最后一页上的模板制作自己的数字练抽认卡。

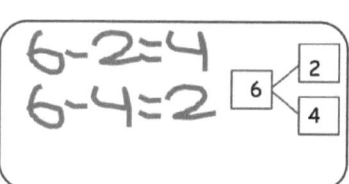

第三十九课：　分析加法图表以创建相关的加法集和减法事实。

单位的故事 第三十九课家庭作业 1•1

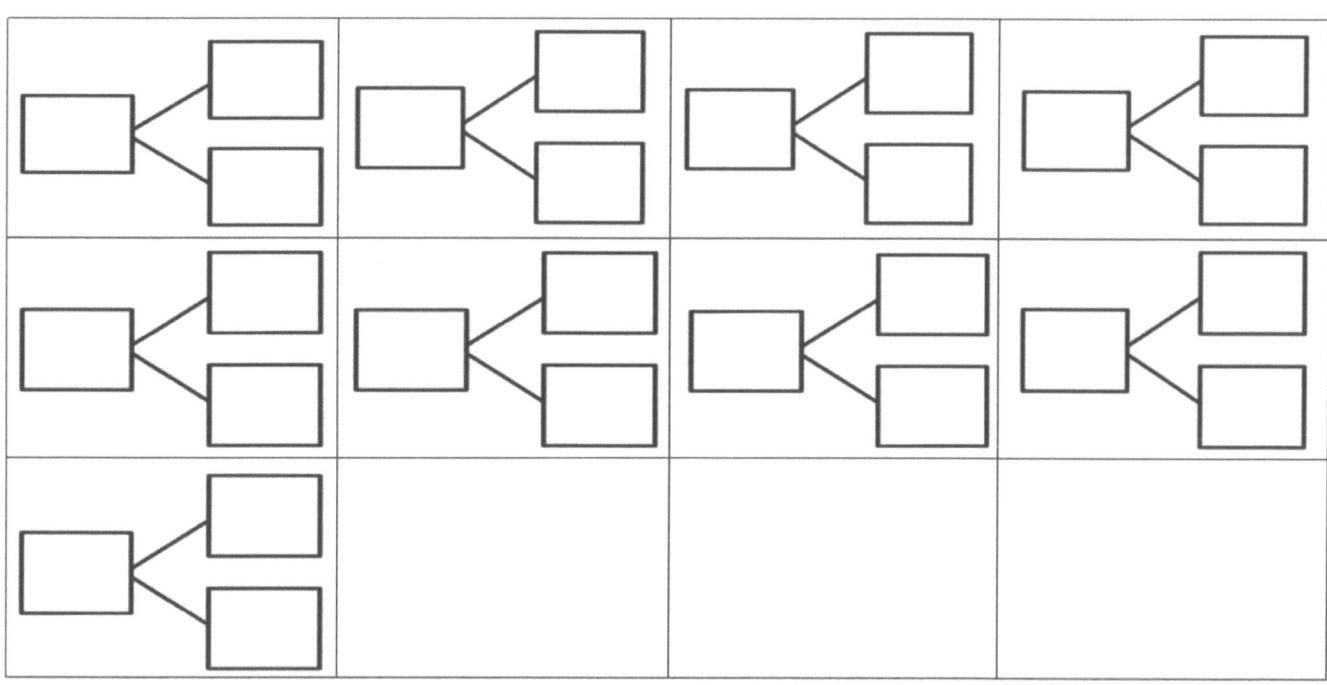

1年级
模块2

阅读数学故事。用标签制作一个简单的数学图。圈出 10 然后解决。

Maddy 去池塘抓了 8 只虫子、3 只青蛙和 2 只蝌蚪。
她一共抓了几只动物？

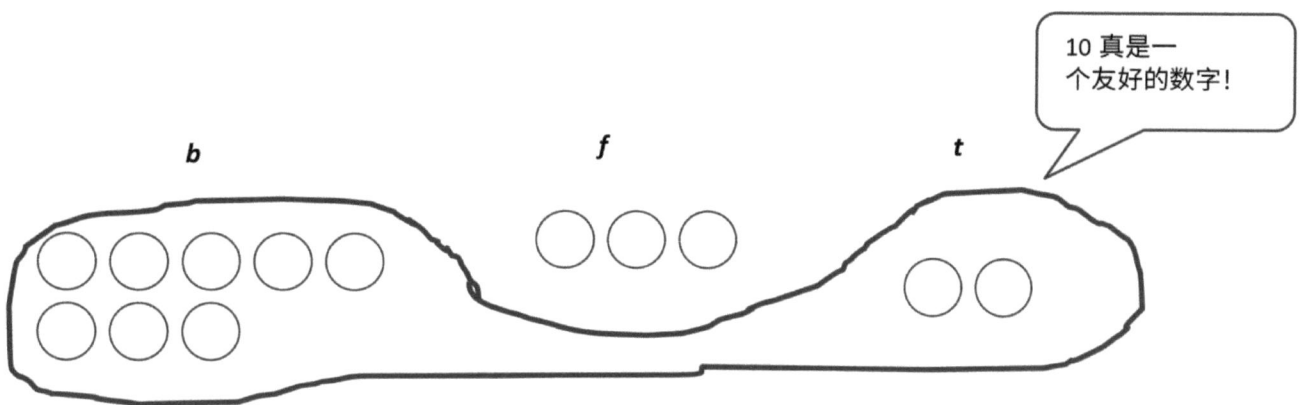

我有 10 然后再加 3。
所以有 13 只动物！

我可以加 8 和加 2 来组成十。
我可以用 8 和 2 来造一个组，
正如我们在课堂上用一根绳子
围绕它们！

Maddy 抓了 <u>13</u> 只动物。

第 1 课： 用三个加数来解决文字问题，其中两个加成十。

姓名 _____ 日期 _____

阅读数学故事。用标签制作一个简单的数学图。 10 和解决。

1. Chris 买了一些点心。他买了 5 根燕麦棒、6 盒葡萄干和 4 块饼干。Chris 买了多少个零食？

   ____ + ____ + ____ = ____

   10 + ____ = ____

   Chris 买了 ____ 个零食。

2. Cindy 有 5 只猫、7 条金鱼和 5 条狗。她总共有几只宠物？

   ____ + ____ + ____ = ____

   10 + ____ = ____

   Cindy 有 ____ 只宠物。

第 1 课： 用三个加数来解决文字问题，其中两个加成十。

单位的故事 第1课家庭作业 1•2

3. Mary 在学校因为作业做得好而得到了一些贴纸。她得到了 7 张立体贴纸、6 张香味贴纸和 3 张平面贴纸。Mary 总共在学校拿了几张贴纸？

_____ + _____ + _____ = _____

10 + _____ = _____

Mary 在学习拿到了_____张贴纸。

4. Jim 和 4 位老师和 9 个孩子坐在一张桌子旁。Jim 坐下后，有多少人在桌旁？

_____ + _____ + _____ = _____

_____ + _____ = _____

Jim _____ 坐下后，有人在桌子旁。

第1课： 用三个加数来解决文字问题，其中两个加成十。

1. 圈出 组成十的数字。画一张图。完成算式。

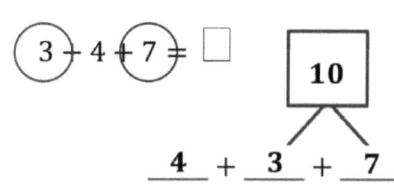

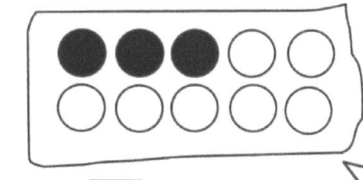

我可以重新排列数字以说明十加策略！当我以不同的顺序相加数字时，我得到相同的总数。

我可以完成新的数字算式，以说明我刚刚任何得到了十。两个数字算式具有相同的总数，均为14。

我可以先画一个3和7的组，因为我知道它们能得出10。我可以圈出十的组，就像我们布置细线一样。

2. 圈出 组成十的数字，并将它们放入一个数字链。写一个新的算式。

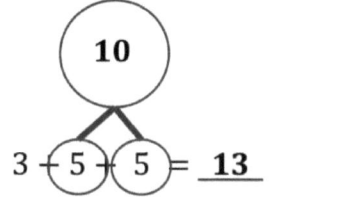

$\underline{\ 3\ } + \underline{\ 10\ } = \underline{\ 13\ }$

我可以画一个数字键以说明如何从两个数字中得到十。

这是我的新数字算式。10加上3等于13。

第 2 课: 使用相关特许和共同特性使三个加数成为十。

单位的故事 　　　　　　　　　　　　　　　　　　　　　　　　　第 2 课家庭作业 1•2

姓名 _____ 日期 _____

(圈出) 组成十的数字。画一张图。完成算式。

1. ⬭6⬭ + 2 + ⬭4⬭ = ☐

__6__ + ____ + __2__   10 + ____ = ____

2. 5 + 3 + 5 = ☐

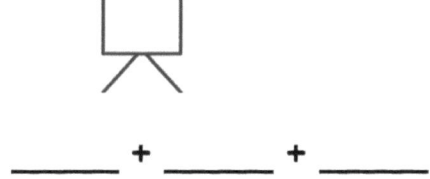

____ + ____ + ____   10 + ____ = ____

3. 5 + 2 + 8 = ☐

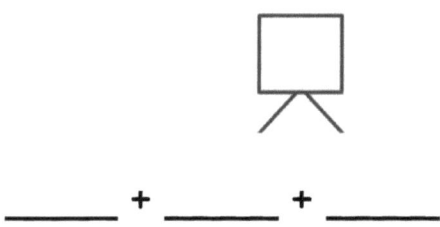

____ + ____ + ____   ____ + 10 = ____

第 2 课： 使用相关特许和共同特性使三个加数成为十。

4. 2 + 7 + 3 = ☐

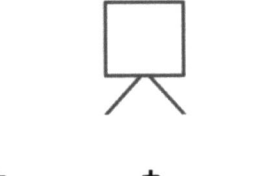

_____ + _____ + _____   _____ + 10 = _____

圈出 组成十的数字,并将它们放入一个数字链。写一个新的算式。

5.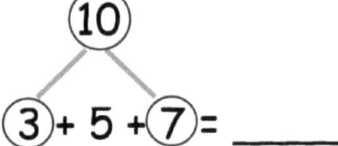

③ + 5 + ⑦ = _____   _____ + _____ = _____

6.

4 + 8 + 2 = _____   _____ + _____ = _____

挑战:圈出 组成十的加数。圈出 正确算式。

a. ⑤ + ⑤ + 3 = 10 + 3   c. 3 + 8 + 7 = 10 + 6

b. 4 + 6 + 6 = 10 + 6   d. 8 + 9 + 2 = 9 + 10

绘画、标记和圈出展示您如何组成十来帮助您解决问题。
完成算式。

1. Todd 有 9 颗葡萄干，而珍妮有 3 颗。他们总共有多少颗葡萄干？

> 我可以把珍妮的1颗葡萄干放在托德的堆里来得到十。托德的一堆有9颗葡萄干，但现在有10颗。

> 我可以画9个实心圆来表示托德有多少葡萄干，3个空心圆表示珍妮有多少葡萄干。

9加上 __3__ 等于 __12__ 。

10加上 __12__ 等于 __12__ 。

托德和珍妮一共有 __12__ 颗葡萄干。

> 看！9和3与10和2相同。它们俩都得到12。

2. 有 7 个孩子坐在地毯上，有 9 个孩子站在地毯上。总共有几个孩子？

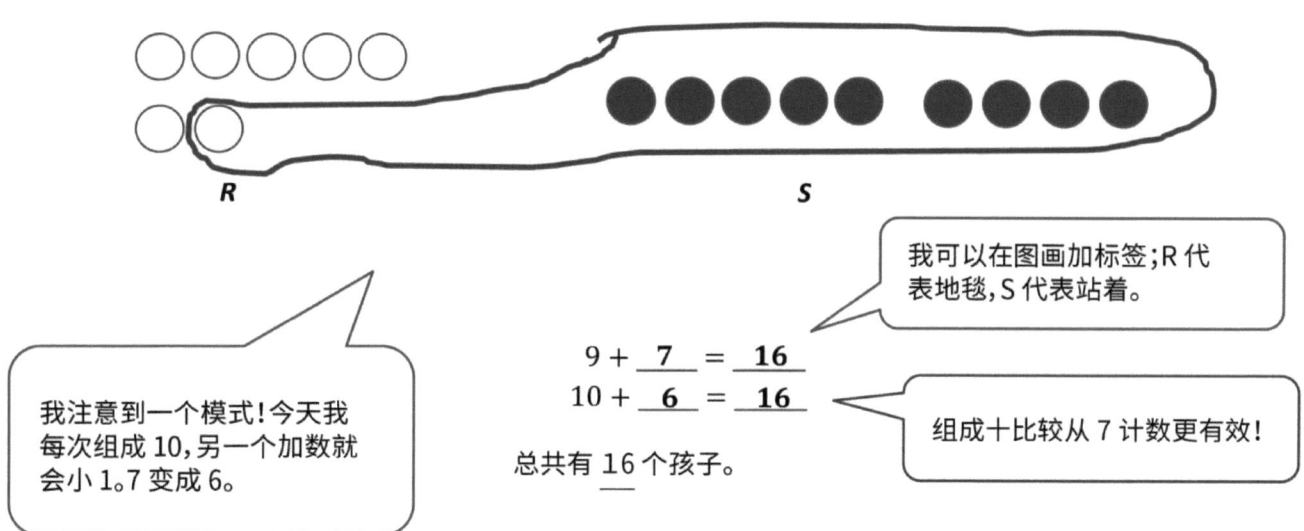

> 我注意到一个模式！今天我每次组成 10，另一个加数就会小 1。7 变成 6。

> 我可以在图画加标签；R 代表地毯，S 代表站着。

$9 + \underline{\ 7\ } = \underline{\ 16\ }$

$10 + \underline{\ 6\ } = \underline{\ 16\ }$

总共有 __16__ 个孩子。

> 组成十比较从 7 计数更有效！

第 3 课： 一个加数为 9 时组成十。

单位的故事　　　　　　　　　　　　　　　　　　　　　第 3 课家庭作业　1•2

姓名 _____　　　日期 _____

绘画、标记和 (圈出) 展示您如何组成十来帮助您解决问题。
完成算式。

1. Ron 有 9 颗弹珠，Sue 有 4 颗弹珠。
   他们总共有多少颗弹珠？

   9 和 _____ 等于 _____。

   10 和 _____ 等于 _____。

   Ron 和 Sue _____ 有颗弹珠。

---

2. Jim 有 5 辆车，Tina 有 9 辆。他们总共有几辆车？

   9 和 _____ 等于 _____。

   10 和 _____ 等于 _____。

   Jim 和 Tina _____ 有辆车。

第 3 课：　　一个加数为 9 时组成十。

单位的故事 第 3 课家庭作业 1•2

3. Stan 有 6 条鱼，Meg 有 9 条鱼。他们总共有几条鱼？

9 + ___ = ___

10 + ___ = ___ Stan 和 Meg 有 ___ 条鱼。

4. Rick 烤了 7 块曲奇，妈妈烤了 9 块。Rick 和妈妈烤了多少块曲奇？

9 + ___ = ___

10 + ___ = ___ Rick 和妈妈烤了 ___ 曲奇。

5. 爸爸有 8 支笔，Tony 有 9 支笔。爸爸和 Tony 总共有几支笔？

9 + ___ = ___

10 + ___ = ___

爸爸和 Tony 有 ___ 支笔。

第 3 课: 一个加数为 9 时组成十。

1. 解题。用十框架来制作数学绘图以显示您是如何用组成 10 来解决的。

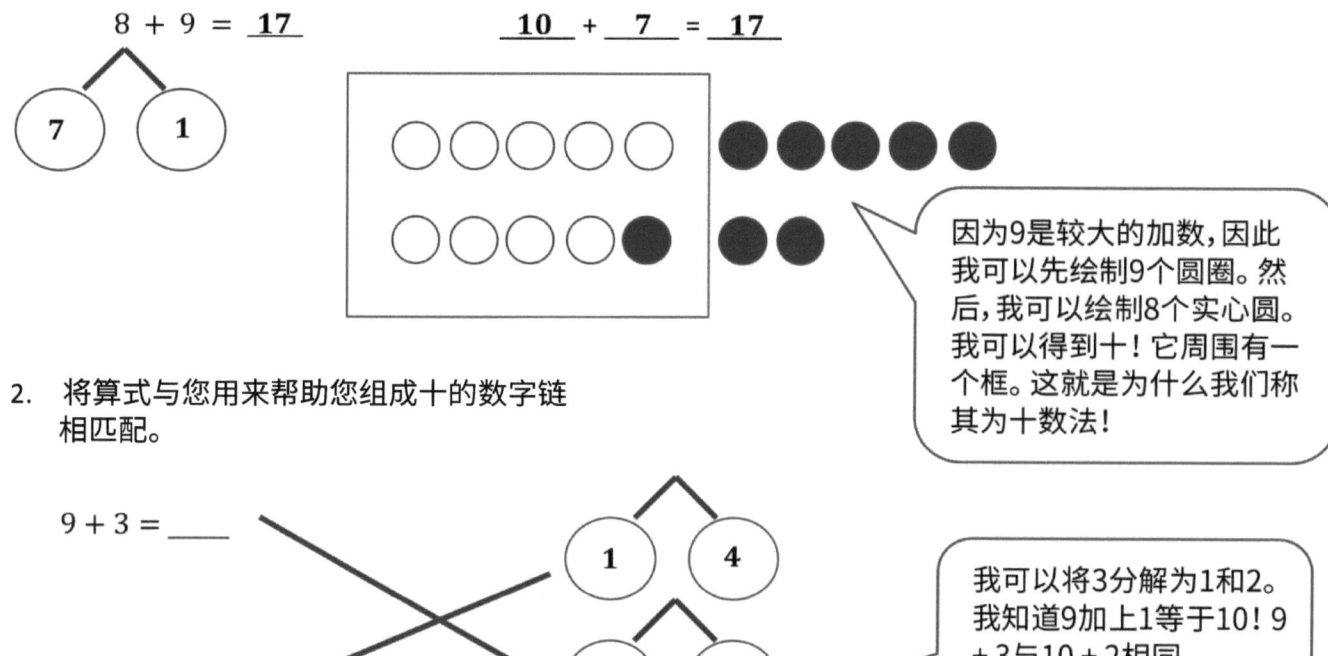

因为9是较大的加数，因此我可以先绘制9个圆圈。然后，我可以绘制8个实心圆。我可以得到十！它周围有一个框。这就是为什么我们称其为十数法！

2. 将算式与您用来帮助您组成十的数字链相匹配。

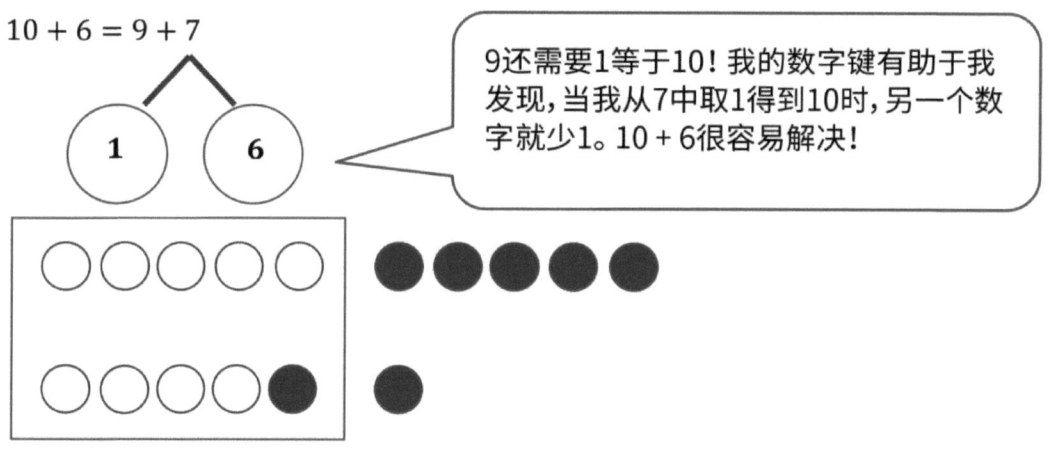

我可以将3分解为1和2。我知道9加上1等于10！9 + 3与10 + 2相同。

3. 展示表达式如何相等。

使用数字链在实数算式中的 9 + 事实表达式里面组成十。绘图来显示总数。

10 + 6 = 9 + 7

9还需要1等于10！我的数字键有助于我发现，当我从7中取1得到10时，另一个数字就少1。10 + 6很容易解决！

第 4 课： 一个加数为 9 时组成十。

单位的故事　　　　　　　　　　　　　　　　　　第 4 课 家庭作业　1•2

姓名 _____　　日期 _____

解题。用十框架来制作数学绘图以显示您是如何用组成 10 来解决的。

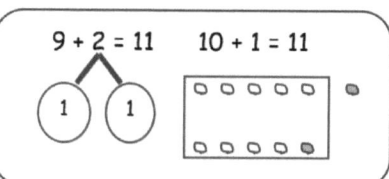

1. $9 + 3 = $ _____　　　　　_____ + _____ = _____

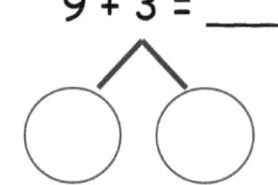

2. $9 + 6 = $ _____　　　　　_____ + _____ = _____

3. $7 + 9 = $ _____　　　　　_____ + _____ = _____

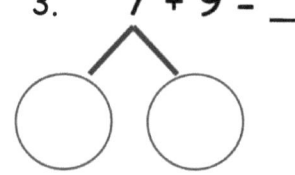

第 4 课：　　一个加数为 9 时组成十。

4. 将算式与您用来帮助您组成十的数字链相匹配。

a. 9 + 8 = ___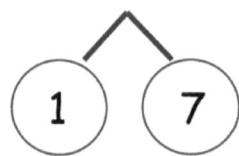

b. ___ = 9 + 6

c. 7 + 9 = ___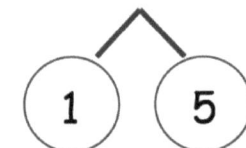

---

5. 显示表达式如何相等。

使用数字链在实数算式中的 9+ 事实表达式里面组成十。绘图来显示总数。

a. 9 + 2 = 10 + 1

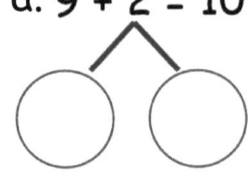

b. 10 + 3 = 9 + 4

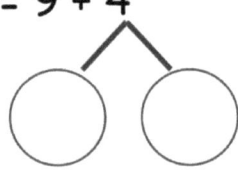

c. 5 + 10 = 6 + 9

1. 解答算式。使用数字链来表达您的想法。
   写出 10 + 事实和新数字链。

   $9 + 7 = \underline{16}$　　　　　　　　　$\underline{10} + \underline{6} = \underline{16}$

   解题。将算式与 10 + 数字链相匹配。

   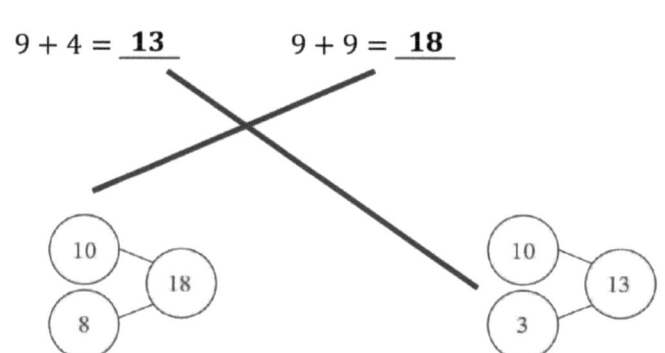

   $9 + 4 = \underline{13}$　　　$9 + 9 = \underline{18}$

   > 9 + 7等于10 + 6，但是当我画出数字键时，一个部分为10时更容易解决。

   > 当我将数字键10作为一部分时，我可以很快地解决，因为10是一个友好的数字，我知道我的10+因子法！

2. 使用有效的策略来解决算式。

   $6 + 9 = \underline{15}$　　　$10 + 5 = 15$

   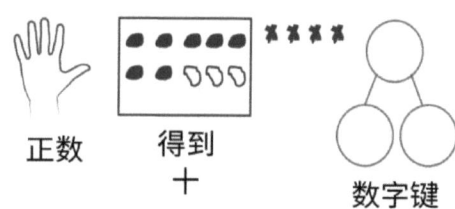

   正数　　得到十　　数字键

   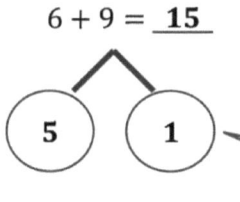

   > 我可以使用十加的策略来快速解决。利用数字6将会花费很长时间。

   $9 + 2 = \underline{11}$

   > 对我来说利用数字2来解决非常容易。9, 10, 11。

第 5 课：　当一个加数为 9 时比较计数和组成十的效率。

姓名 _____   日期 _____

解答算式。使用数字链来表达您的想法。写出 10 + 事实和新数字链。

1. 9 + 6 = ____   10 + ____ = ____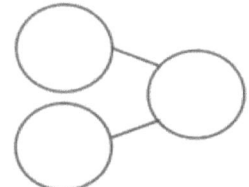

2. 9 + 8 = ____   ____ + ____ = ____

3. 5 + 9 = ____   ____ + ____ = ____

4. 7 + 9 = ____   ____ + ____ = ____

5. 解题。将算式与 10 + 数字链相匹配。

   a.　9 + 5 = _____　　b.　9 + 6 = _____　　c.　9 + 8 = _____

   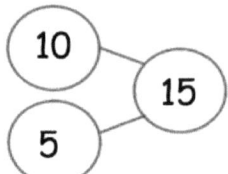　　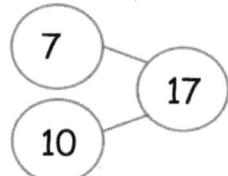　　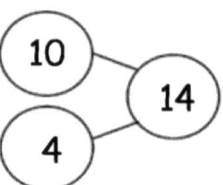

使用有效的策略来解决算式。

  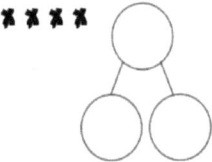

6. 9 + 7 = _____　　　7. 9 + 2 = _____　　　8. 9 + 1 = _____

9. 8 + 9 = _____　　　10. 4 + 9 = _____　　　11. 9 + 9 = _____

1. 解题。使用您的数链。画一条线以匹配相关事实。写出相关的 10 + 事实。

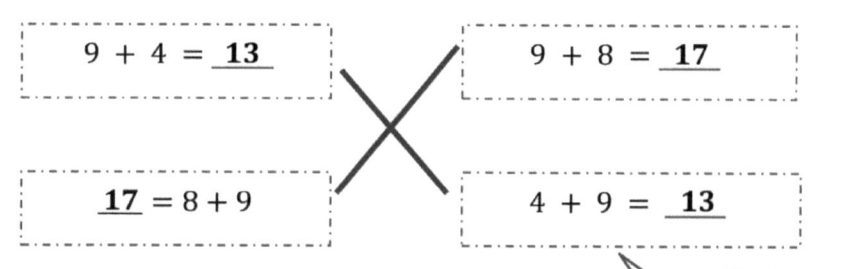

$9 + 4 = \underline{13}$　　　$9 + 8 = \underline{17}$

$\underline{17} = 8 + 9$　　　$4 + 9 = \underline{13}$

$\underline{\quad 10 + 7 = 17 \quad}$

$\underline{\quad 10 + 3 = 13 \quad}$

> 只要相加所有部分，我在相加时就不必总是从第一个数字开始。我可以从4或9开始。无论哪种方式，我的总数都是13。

2. 完成加法算式以使它们正确。

　　$\underline{15} = 9 + 6$
　　$10 + \underline{\;9\;} = 19$
　　$\underline{10} + 7 = 17$

> 我知道如果总数是19，一部分是10，那么另一部分必须是9。
> 10加上9等于19。9加上10也等于19！

3. 查找和着色与雪人帽子上的表达式相同的表达式。写出正确算式。

$\underline{10 + 5} = \underline{6 + 9}$

> 为了解决6 + 9，我喜欢用9得到10。我可以想象将6分解为5和1，因为9需要1才能得到10！

第6课： 使用共同特性来组成十。

单位的故事   第 6 课家庭作业   1•2

姓名 _____ 日期 _____

1. 解题。使用您的数链。划一条线以匹配相关事实。写出相关的10 +事实。

a. 9 + 6 = ____   ____ = 9 + 8

b. ____ = 3 + 9   ____ = 7 + 9

c. ____ = 9 + 5   6 + 9 = ____   10 + 5 = 15

d. 8 + 9 = ____   9 + 3 = ____

e. 9 + 7 = ____   5 + 9 = ____

2. 完成加法算式以使它们正确。

a. 3 + 10 = ____

b. 4 + 9 = ____

c. 10 + 5 = ____

d. 9 + 6 =

e. 7 + 10 =

f. ____ = 7 + 9

g. 10 + ____ = 18

h. 9 + 8 = ____

i. ____ + 9 = 19

j. 5 + 9 = ____

第 6 课: 使用共同特性来组成十。

3. 查找和着色与雪人帽子上的表达式相同的表达式。
在下面写下正确的算式。

a.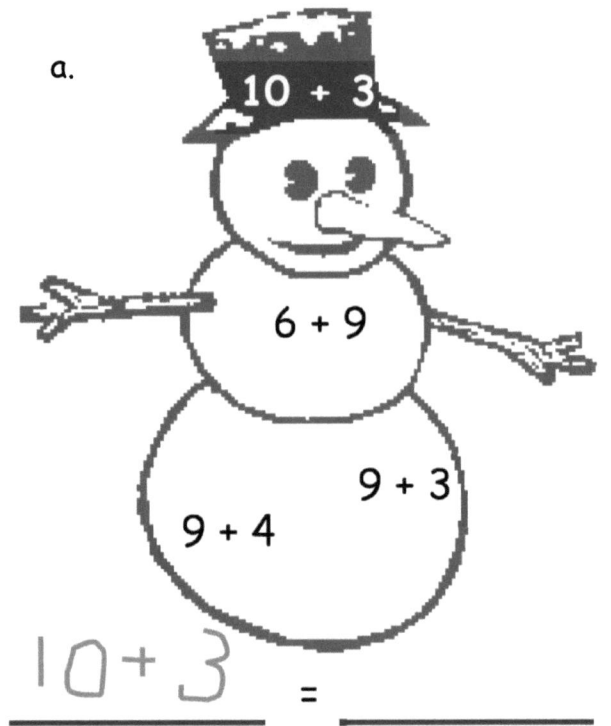

10 + 3 = ____

b.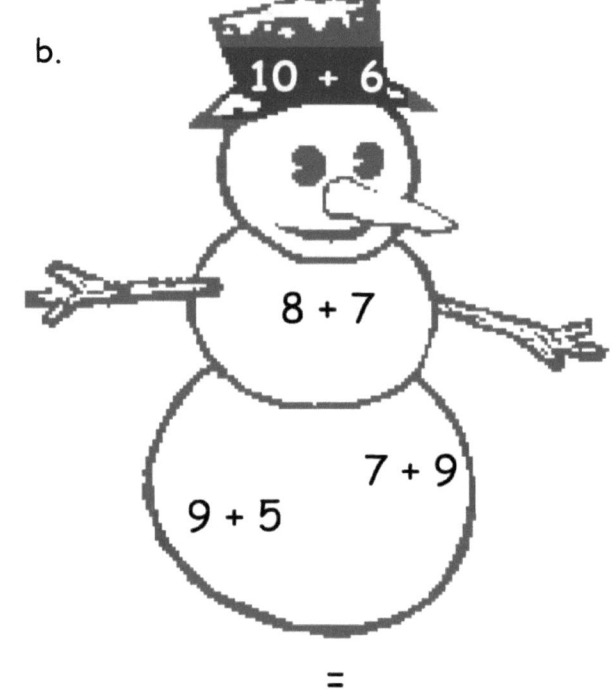

____ = ____

c.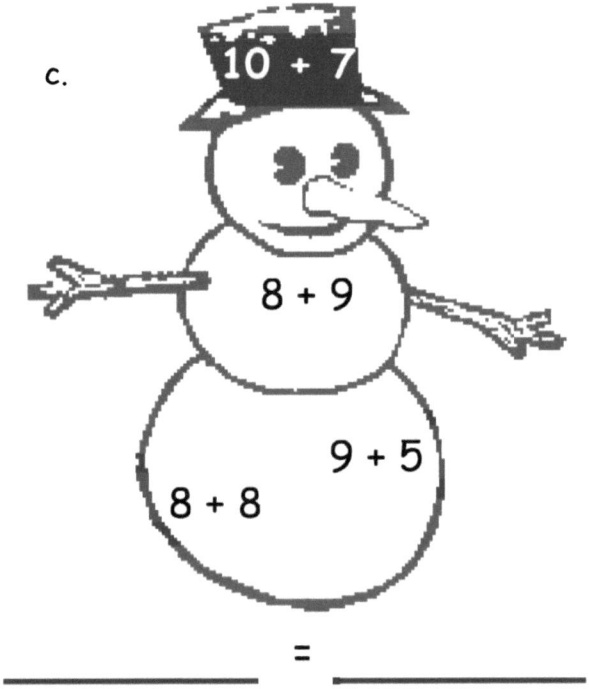

____ = ____

d.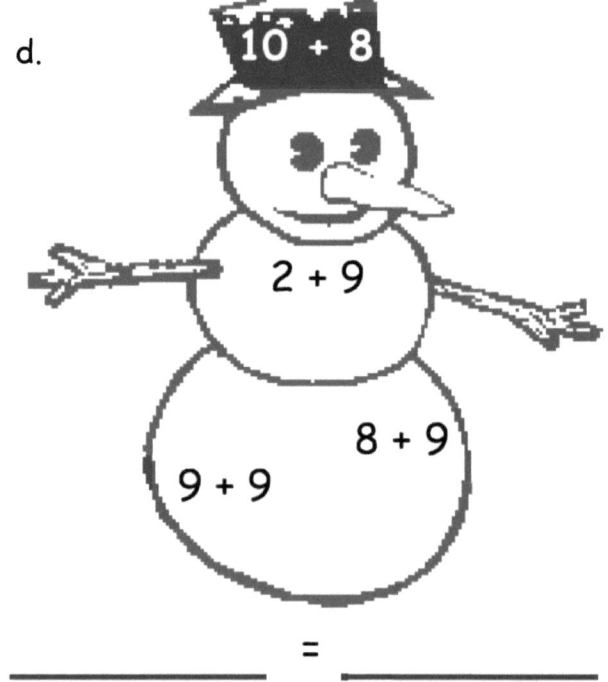

____ = ____

绘画、标记和圈出展示您如何组成十来帮助您解决问题。写下您用来解题的算式。

John 有 8 个网球。Toni 有 5 个。他们总共有几个网球？

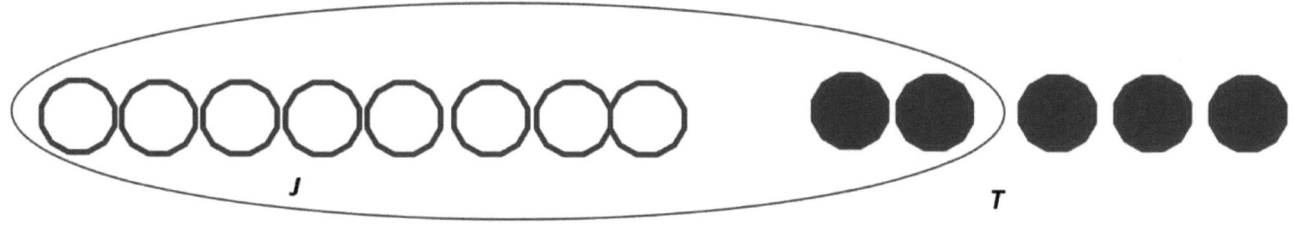

我可以通过从5的组中取2来使8变成10。我将在其周围画一个圆圈，以表示10的组。

当我得到十时，我还剩下三。我可以写一个新的数字算式，10 + 3 = 13。

$$\underline{\ 8\ } + \underline{\ 5\ } = \underline{\ 13\ }$$

$$\underline{\ 10\ } + \underline{\ 3\ } = \underline{\ 13\ }$$

John 和 Toni 总共有 **13** 个网球。

如果8 + 5 = 13和10 + 3 = 13，那么我知道8 + 5与10 + 3相同。

第 7 课： 一个加数为 8 时组成十。

单位的故事   第 8 课家庭作业 1•2

姓名 _____   日期 _____

绘画、标记和（圈出）展示您如何组成十来帮助您解决问题。

写下您用来解题的算式。

1. Meg 在一次聚会上得到了 8 个玩具动物和 4 个玩具车。
   Meg 总共买了多少个玩具?

$(\text{OOOOOOOO})\ \bullet\bullet\bullet$
   W   B

$8 + 3 = 11$
$10 + 1 = 11$

8 + 4 = _____

10 + _____ = _____   Meg 收到了 _____ 个玩具。

2. John 在第一场篮球比赛中进了 6 篮,在第二场比赛中进了 8 篮。
   他一共进了多少篮?

_____ + _____ = _____

_____ + _____ = _____   John 进了 _____ 个篮。

第 8 课: 一个加数为 8 时组成十。

3. May 开了一个聚会。她邀请了 7 个女孩和 8 个男孩。她总共邀请了几个朋友?

_____ + _____ = _____

_____ + _____ = _____ 　　　　　May 邀请了 _____ 个朋友。

4. Alec 收集棒球帽。他有 9 顶大都会队帽子和 8 顶洋基队帽子。他收藏了几顶帽子?

_____ + _____ = _____

_____ + _____ = _____ 　　　　　Alec 有 _____ 顶帽子。

1. 解题。用十框架来制作数学绘图以显示您是如何用组成十来解决的。

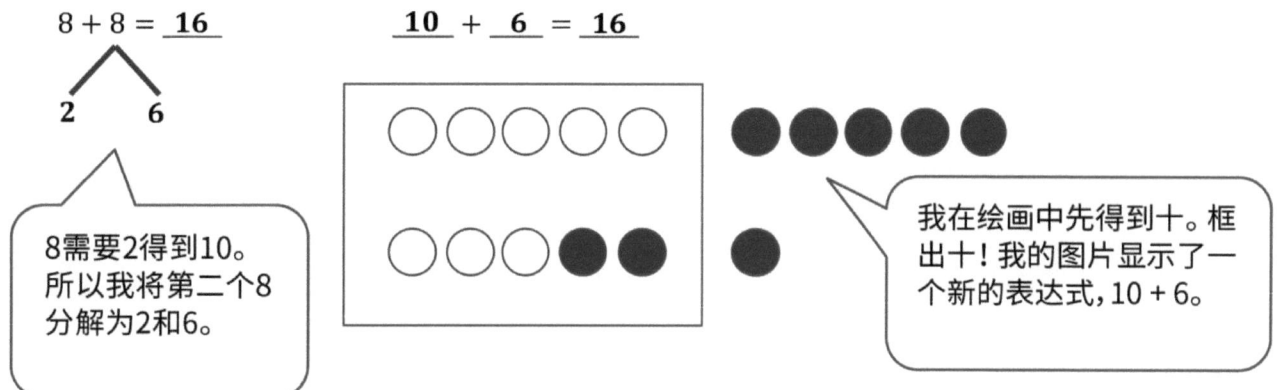

2. 用十框架来制作数学绘图以解决。圈出正确算式。写一个 X 来显示不正确的算式。

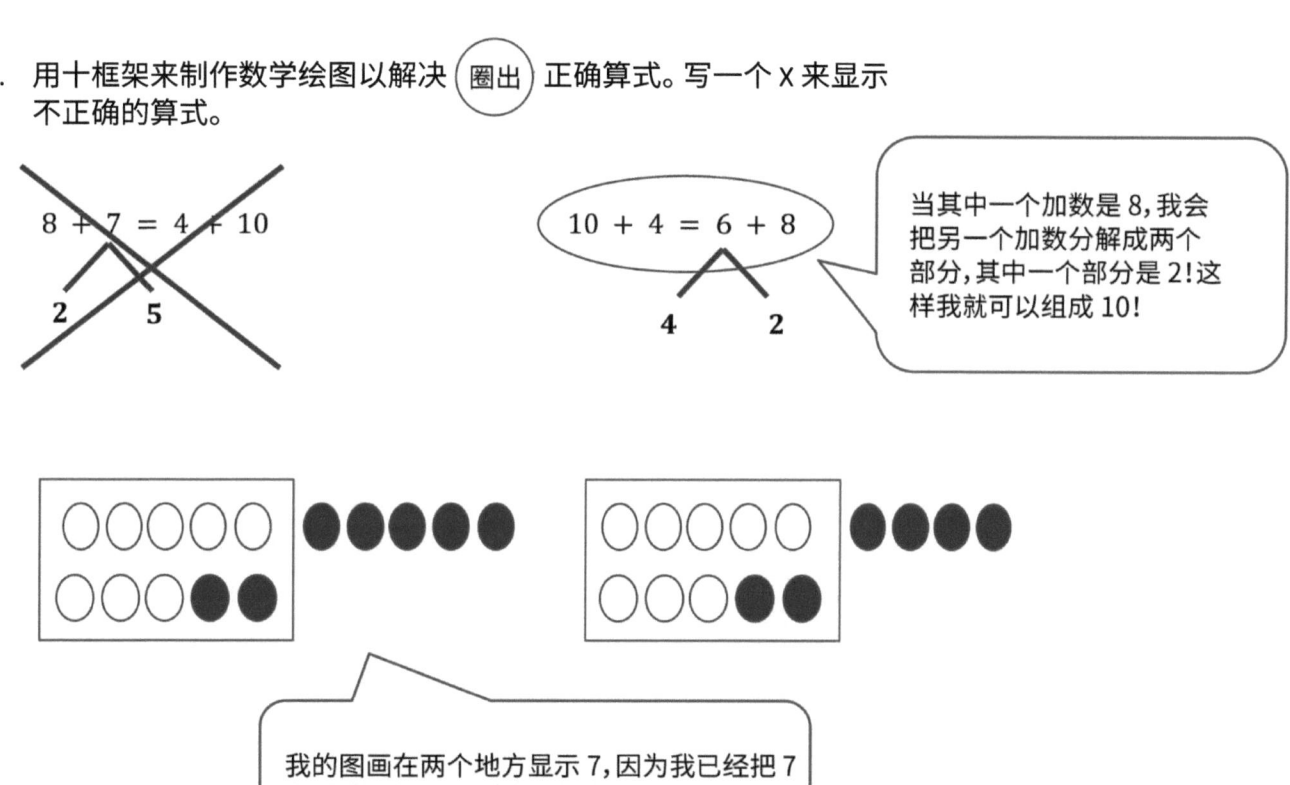

第 8 课: 一个加数为 8 时组成十。

单位的故事   第 8 课家庭作业 1•2

姓名 _____   日期 _____

解题。用十框架来制作数学绘图以显示您是如何用组成十来解决的。

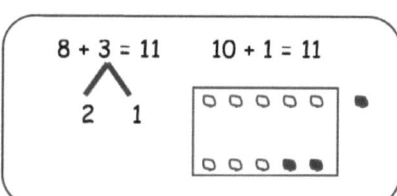

1. 8 + 4 = ___   ___ + ___ = ___

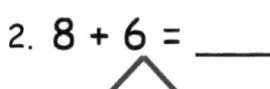

2. 8 + 6 = ___   ___ + ___ = ___

3. 7 + 8 = ___   ___ + ___ = ___

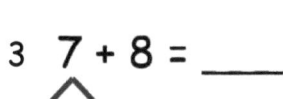

第 8 课： 一个加数为 8 时组成十。

4. 用十框架来制作数学绘图 圈出 解决的正确算式。
写一个 X 来显示不正确的算式。

a. 8 + 4 = 10 + 2

b. 10 + 6 = 8 + 8

c. 7 + 8 = 10 + 6

d. 5 + 10 = 5 + 8

e. 2 + 10 = 8 + 3

f. 8 + 9 = 10 + 7

1. 使用数字链来表达您的想法。写出 10 + 事实。

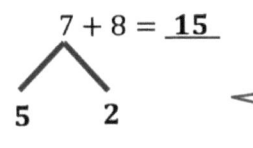

$15 = 10 + \underline{5}$

> 如果我计数求解8 + 7，则需要一段时间。相反我可以十加策略。我可以从7中取2，使8等于10。

2. 完成加法算式和数字链。

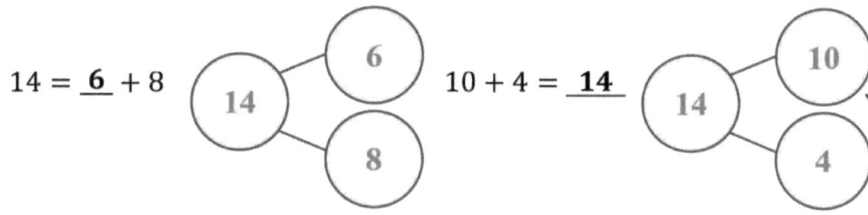

> 使用10+因子法，我可以更有效地解决。这个数字键可以更快地完成。

3. 画一条线到匹配的算式。您可以使用一个数字链或 5-组图来帮助您。

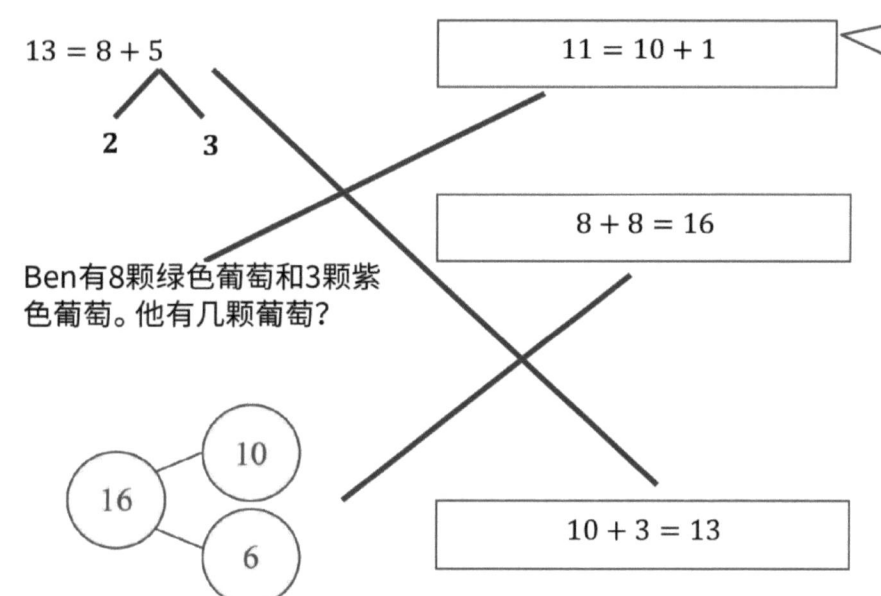

> 对我来说，在这里计数更有效率。我只需要想象8、9、10、11就行了。

> 当第二个加数大于3时（例如8 + 5），我喜欢使用十加策略。我可以将5分解成一个更简单的习题，即10 + 3。

单位的故事　　　　　　　　　　　　　　　　　　　　　　　　　第 9 课家庭作业　1•2

姓名 _____　　　　　日期 _____

使用数字链来表达您的想法。写出 10+ 事实。

1. 8 + 3 = _____　　　　　　　10 + _____ = _____

2. 6 + 8 = _____　　　　　　　_____ + 10 = _____

3. _____ = 8 + 8　　　　　　　_____ = 10 + _____

4. _____ = 5 + 8　　　　　　　_____ = 10 + _____

完成加法算式和数字链。

5. a. 7 + 8 = _____ 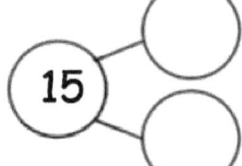　　b. 10 + 5 = _____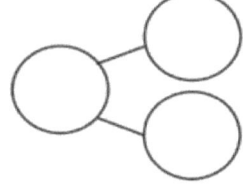

6. a. 16 = _____ + 8 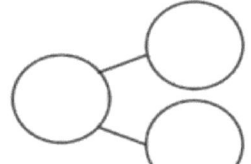　　b. 10 + 6 = _____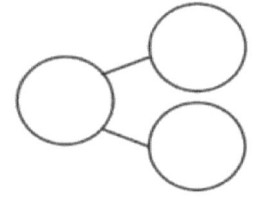

第 9 课：　当一个加数为 8 时比较计数和组成十的效率。

单位的故事

7. a. ____ = 9 + 8   b. 10 + 7 = ____

画一条线到匹配的算式。您可以使用一个数字链或 5-组图来帮助您。

8. 11 = 8 + 3

| 8 + 6 = 14 |

9. 丽莎有 5 块红色石头和 8 块白色石头。她有几块石头？

| 10 + 1 = 11 |

| 13 = 10 + 3 |

10.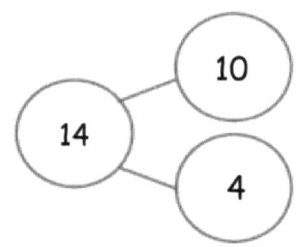

1. 解题。将算式与帮助您解决问题的 10+ 数字链相匹配。
   写下 10+ 算式。

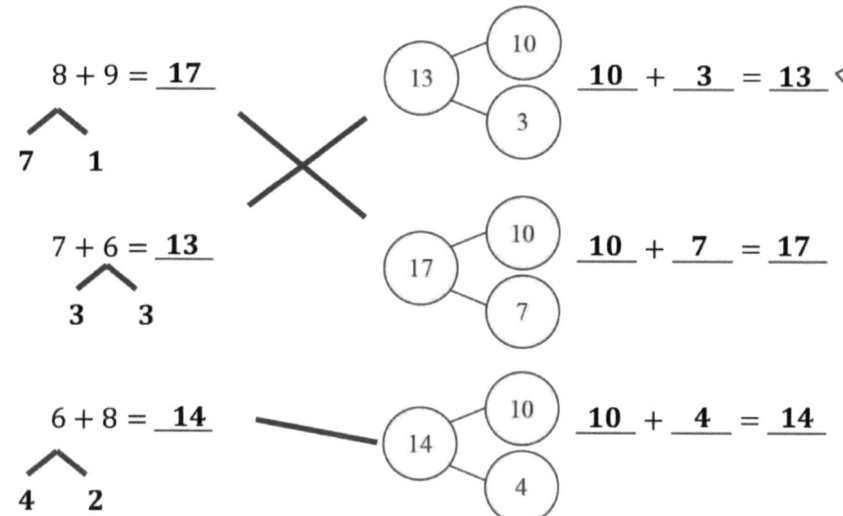

对于7 + 6，我可以用7得到10，因为它与10仅相差3。我必须从6中得到3。我很快就知道10 + 3！

对于8 + 9，由于9是一个加数，所以我可以从另一个加数中得到1！我将8分解为7和1，使9变成10。

2. 完成算式，使其等于给定的数字链。

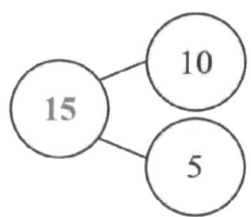

__15__ = 9 + 6

8 + __7__ = 15

__15__ = 7 + __8__

由于9 + 6 = 15和10 + 5 = 15，所以我可以说出正确算式：9 + 6 = 10 + 5。

第10课： 使用加数 7、8 和 9 来解决问题。

单位的故事　　　　　　　　　　　　　　　　　　　　　　　第10课家庭作业　1•2

姓名 _____　　　　　　日期 _____

解题。将算式与帮助您解决问题的
10+ 数字链相匹配。
写下 10+ 算式。

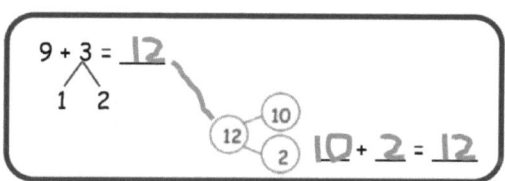

1. $8 + 6 =$ _____　　　　　(11)—(10)/(1)　　___ + ___ = ___

2. $7 + 5 =$ _____　　　　　(15)—(10)/(5)　　___ + ___ = ___

3. $5 + 8 =$ _____　　　　　(12)—(10)/(2)　　___ + ___ = ___

4. $4 + 7 =$ _____　　　　　(14)—(10)/(4)　　___ + ___ = ___

5. $6 + 9 =$ _____　　　　　(13)—(10)/(3)　　___ + ___ = ___

第10课：　　使用加数 7、8 和 9 来解决问题。

完成算式，使其等于给定的数字链。

6.

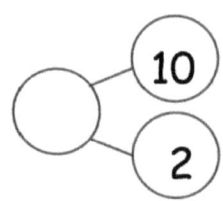

9 + ___ = 12

8 + ___ = 12

7 + ___ = 12

7.

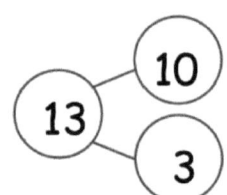

9 + ___ = 13

8 + ___ = 13

7 + ___ = 13

8.

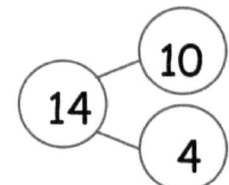

9 + ___ = 14

8 + ___ = 14

7 + ___ = 14

9.

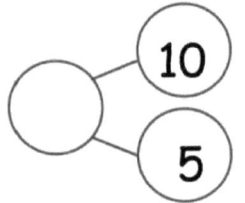

15 = 9 + ___

___ = 8 + ___

___ = 7 + ___

10.

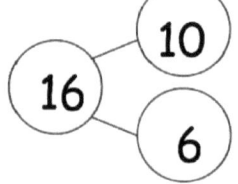

16 = 9 + ___

___ = 8 + ___

7 + ___ = ___

11.

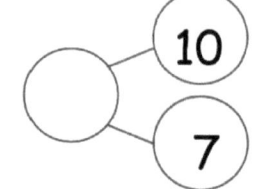

___ = 9 + 8

___ = 8 + ___

___ = 7 + ___

看学生的作法。纠正作法。如果答案不正确,请在学生作业下方的空间中显示正确的解决方案。

Jeremy 的口袋里有 7 块大石头和 8 块小石头。Jeremy 有几块石头?

米娅旳作业	乔旳作业	晋拉纳天旳作业

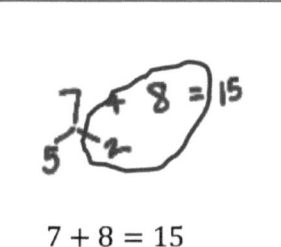

$7 + 8 = 15$

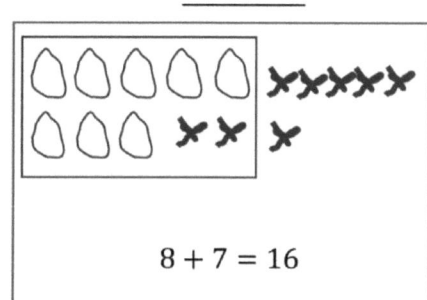

$8 + 7 = 16$

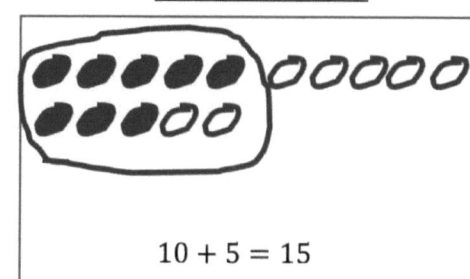

$10 + 5 = 15$

米娅采用了十加策略,并画了一个数字键将7分解为5和2。她圈出8和2,因为他们可以得到10!

$8 + 7 = 15$

乔起初画了5-组,但我认为他没有掌握他的计数。他的图片显示7可以分为2和6。那不可能!我可以通过像米娅一样将7分为5和2来纠正这个问题!

普拉纳夫将岩石画成整齐的5-组。他的策略是将7分为5和2,从而从8中获得10。他画了一个框来说明10。

第11课: 分享和批评同学对*相加未知总数文字问题的解决策略。

姓名 _____   日期 _____

看学生的作法。纠正作法。如果答案不正确,请在学生作业下方的空间中显示正确的解决方案。

1. Todd 有 9 辆红色玩具车和 7 辆蓝色玩具车。他一共有几辆车?

    Mary 的作业   Joe 的作业   Len 的作业

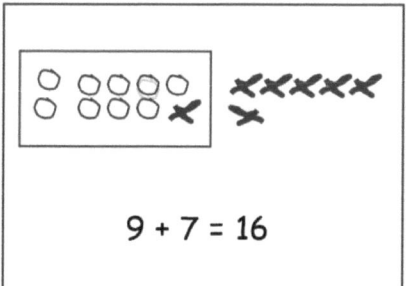   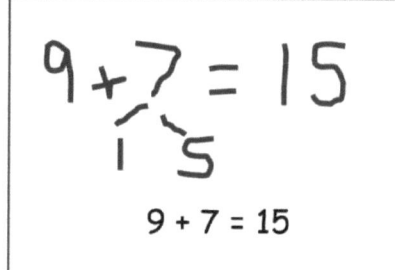   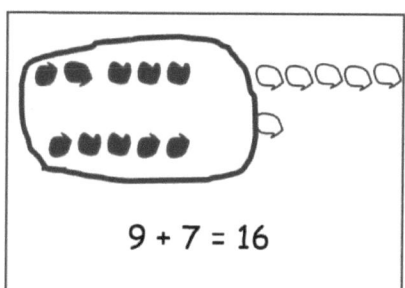

2. Jill 有 8 条斗鱼和 5 条金鱼。她总共有几条鱼?

    Frank 的作业   Lori 的作业   Mike 的作业

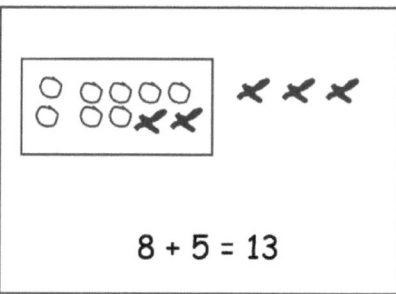   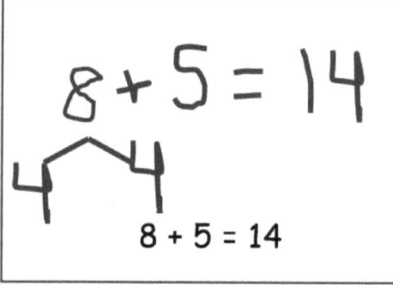   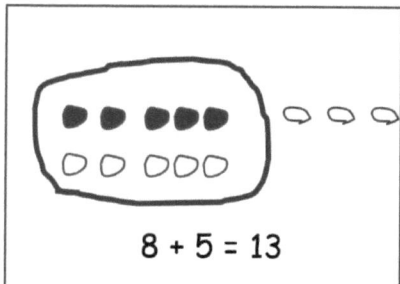

3. 爸爸烤了 7 个巧克力纸杯蛋糕和 6 个香草纸杯蛋糕。他总共烤了多少个纸杯蛋糕?

Mary 的作业

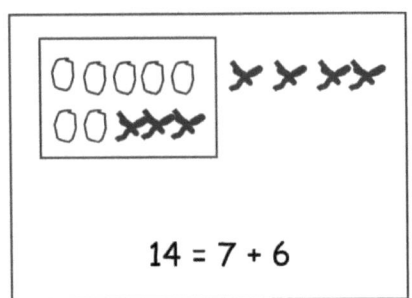

14 = 7 + 6

Joe 的作业

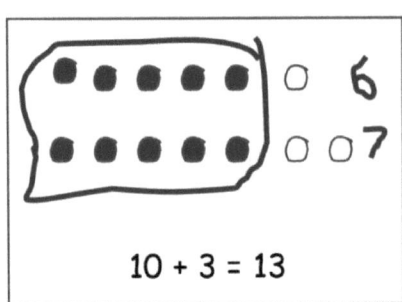

10 + 3 = 13

Lori 的作业

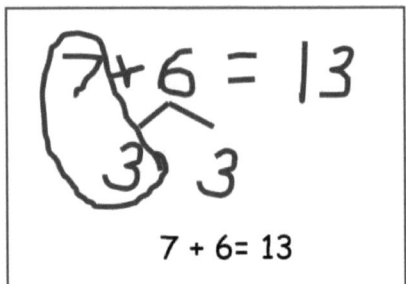

7 + 6 = 13

4. 妈妈抓了 9 只萤火虫,Sue 抓了 8 只萤火虫。他们总共抓了几只萤火虫?

Mike 的作业

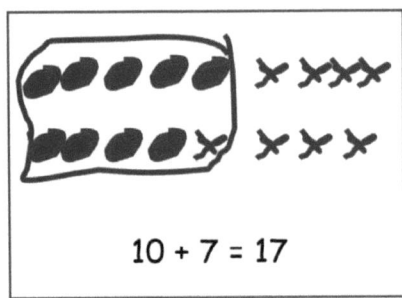

10 + 7 = 17

Len 的作业

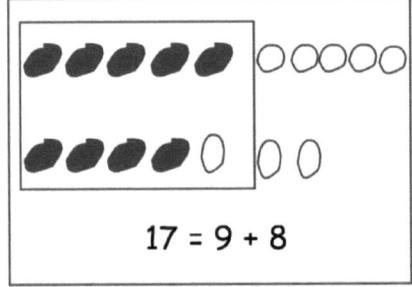

17 = 9 + 8

Frank 的作业

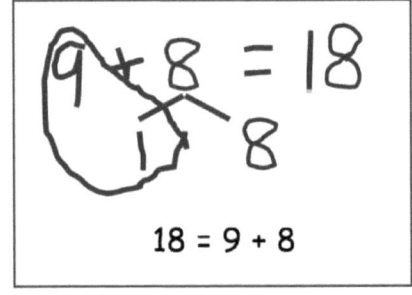

18 = 9 + 8

1. 制作一个简单的数学图。从 10 个一或其他部分中删除以便展示故事中发生的事情。

   比尔 有 16 颗葡萄。10 颗在一棵葡萄树上，6 颗在地上。

   比尔 吃了树上的 9 颗葡萄。Bill 还剩下多少葡萄？

   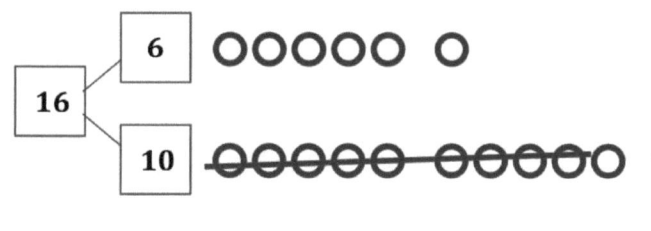

   故事说，比尔吃了葡萄树中9颗葡萄。葡萄藤上有10颗葡萄。我可以一次从10颗葡萄中取出9颗葡萄。

   那么10颗剩下1颗，其余部分剩下6颗。他还有7颗葡萄！

   比尔有 7 颗葡萄剩下。

2. 使用数字链来填写数学故事。制作一个简单的数学图。从 10 个一或其他部分中删除以便展示故事中发生的事情。

   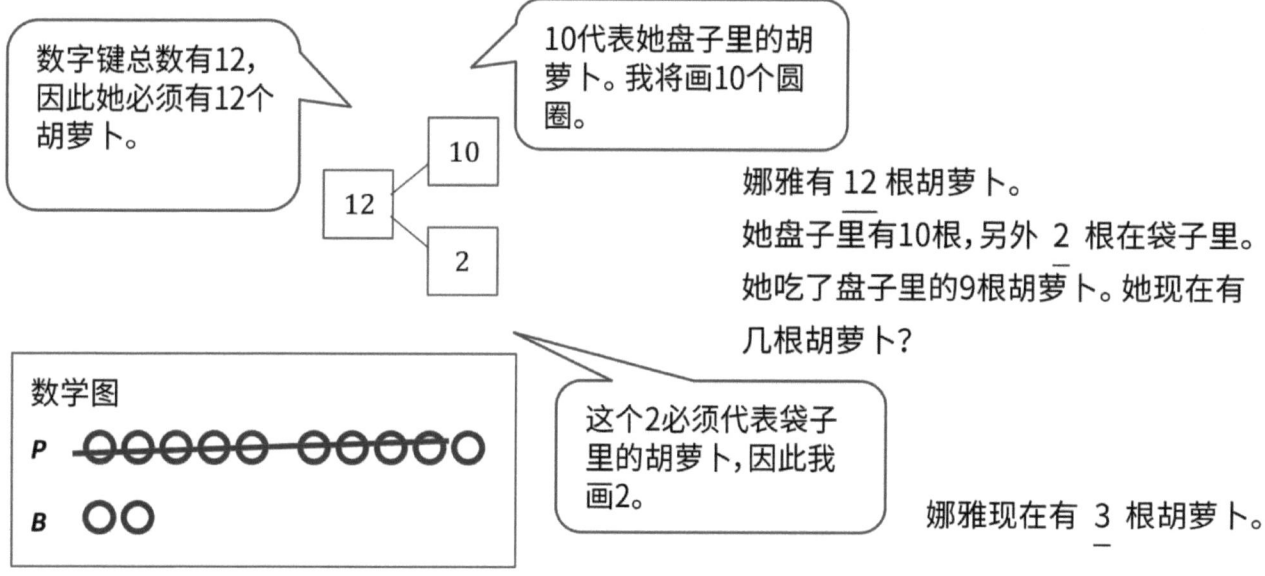

   娜雅有 12 根胡萝卜。
   她盘子里有10根，另外 2 根在袋子里。
   她吃了盘子里的9根胡萝卜。她现在有几根胡萝卜？

   娜雅现在有 3 根胡萝卜。

3. 使用下面的数字链来建组成您自己的数学故事。包括一个简单的数学图。
   从 10 个一中删除以便展示发生的事情。

   > 我可以讲一个与此数字键匹配的故事:"我的空手道班有12个朋友。10个是女孩。2个是男孩。9个女孩离开了。还有几个朋友?"

   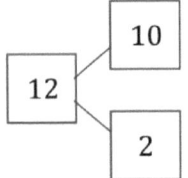

   数学绘图

   G ⊘⊘⊘⊘⊘ ⊘⊘⊘⊘ ○

   B ○○

   > 首先有12个朋友,然后9个朋友离开,所以我的数字算式是 12-9 = 3。

   数字算式:

   $12 - 9 = 3$

   > 我用陈述句"文字题"来回答问题:"哪里还有几个朋友吗?"。

   陈述句:

   3个朋友还在。

单位的故事　　　　　　　　　　　　　　　　　　第 12 课 家庭作业　1•2

姓名 _____　日期 _____

制作一个简单的数学图。从 10 个一或其他部分中删除以便展示故事中发生的事情。

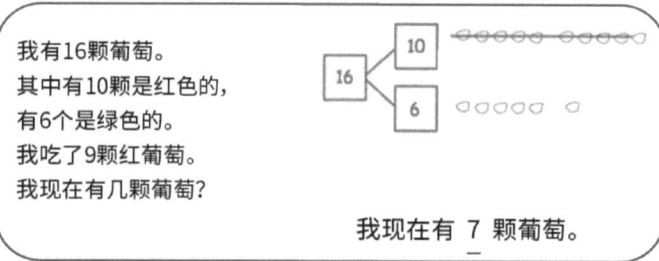

1. 一棵树上有 15 只松鼠。其中有 10 只在吃坚果。5 只松鼠在玩。一声巨响吓走了 9 只吃坚果的松鼠。树上剩下了几只松鼠？

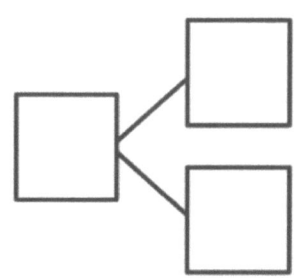

树上剩下了____只松鼠。

2. 植物上有 17 只瓢虫。其中 10 只在叶子上，而 7 只在茎上。叶子上有 9 只瓢虫爬走了。植物上还有几只瓢虫？

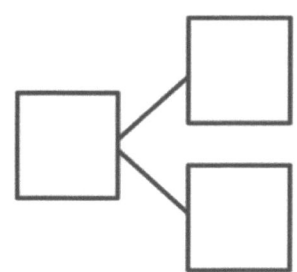

植物上有____只虫。

第 12 课：　　用 10 减 9 来解决文字问题。

3. 使用数字链来填写数学故事。制作一个简单的数学图。
   从 10 个一或一些一中删除以便展示故事中发生的事情。

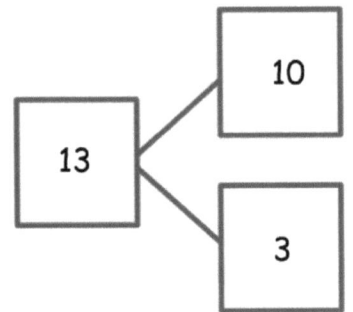

蚁丘中有 13 只蚂蚁。

其中有 10 只蚂蚁正在睡觉,而其中 3 只却醒着。

9 只睡了的蚂蚁醒来后爬走了。

蚁丘中剩下多少只蚂蚁?

数学图:

_____只蚂蚁留在蚁丘中。

4. 使用下面的数字链来建组成您自己的数学故事。包括一个简单的数学图。从 10 个一中删除以便展示发生的事情。

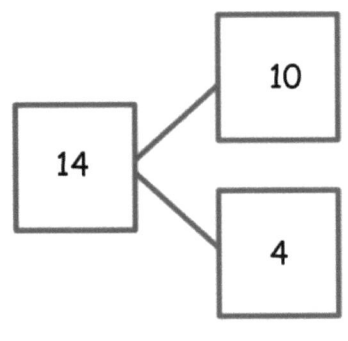

数学图:

算式:

陈述:

1. 解题。使用 5-组行,然后删掉以显示您的作法。写出算式。

   池塘里有 10 只鸭子,陆地上有 7 只鸭子。池塘里的 9 只鸭子是婴儿,其余的鸭子都是成年。那里有几只成年鸭子?

   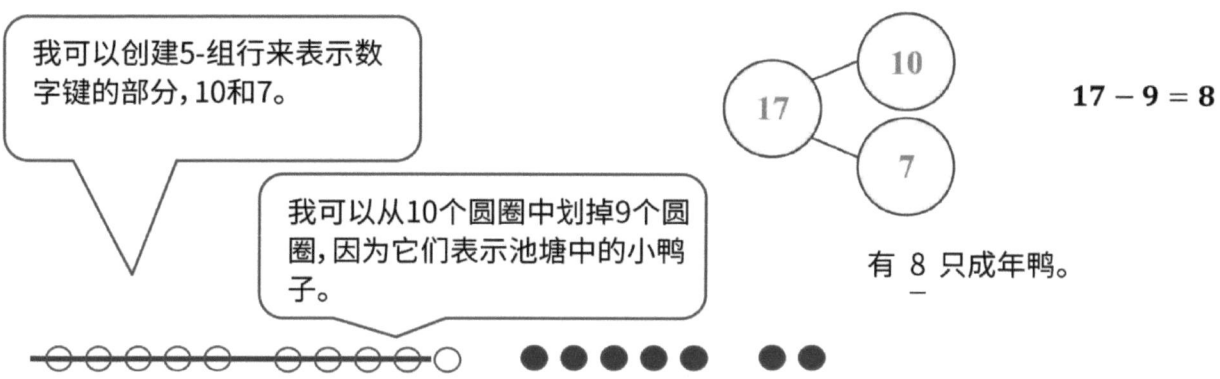

   $17 - 9 = 8$

   有 8 只成年鸭。

2. 完成数字键,然后填写数学故事。使用 5-组行,然后删掉以显示您的作法。写出算式。

   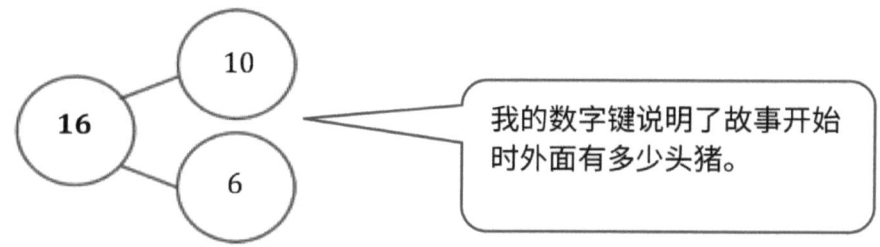

   有 10 头躺在泥里的猪和 6 头在外面的食槽里吃东西的猪。9 头泥泞里的猪走进了谷仓。有几头猪留在外面?

   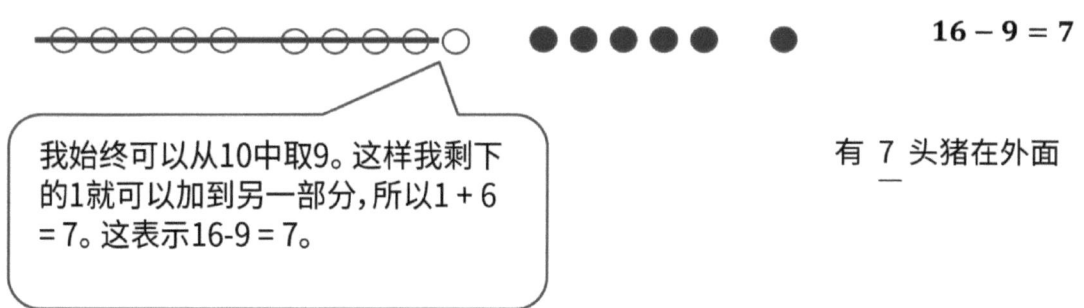

   $16 - 9 = 7$

   有 7 头猪在外面

姓名 _____   日期 _____

解题。使用 5-组行,然后删掉以显示您的作法。写出算式。

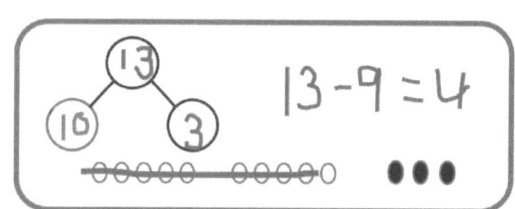

1. 在公园里,有 10 条狗在草地上奔跑,有 1 条狗在树下睡觉。9 条奔跑的狗离开了公园。公园里还剩下几条狗?

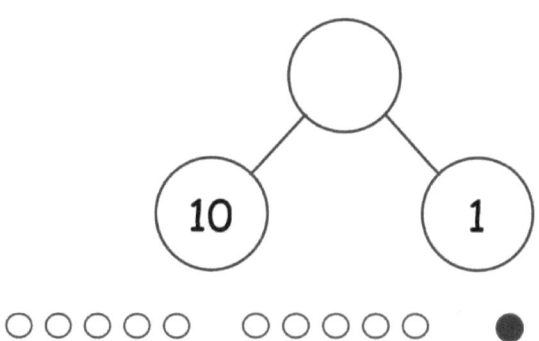

公园里剩下_____条狗。

2. Alejandro 的院子里有 9 块石头,他房间里有 10 块石头。他房间中的 9 块石头是灰色的岩石,其余的石头是白色的。Alejandro 有多少块白色岩石?

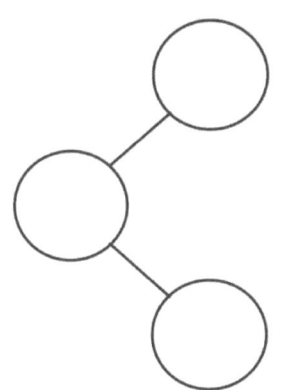

Alejandro 有____白块色的岩石。

3. Sophia 在厨房里有 8 辆玩具车，在她的卧室里有 10 辆玩具车。卧室里有 9 辆玩具车是蓝色的。她其余的玩具车都是红色的。Sophia 有几辆红色的玩具车？

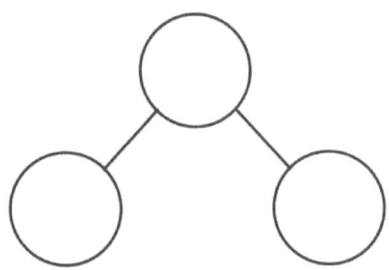

Sophia ___ 辆红色的玩具车。

4. 完成数字键，然后填写数学故事。使用 5-组行，然后删掉以显示您的作法。写出算式。

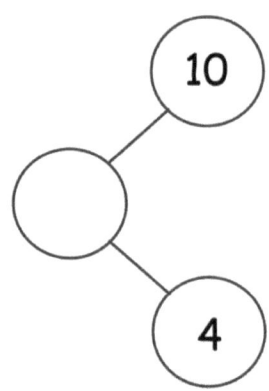

有 ___ 只鸟在水坑里玩，___ 只鸟在干草上行走。9 只在水坑里玩的鸟飞走了。还剩下几只鸟？

还剩下 ___ 只鸟。

单位的故事　　　　　　　　　　　　　　　　　　　第 14 课 家庭作业助手　1•2

1. 画和 10。圈出建立数字链。

   $15 - 8 = \underline{7}$

   10　5

   $12 - 8 = \underline{4}$

   ⑧ 9　10　11　12

   > 我知道8需要2才能得到10。12等于10 + 2。我还需要2才能得到12。我可以加上我需要的2以得到10，加上我需要的2以达到12，以求出答案。
   > $2 + 2 = 4.$

2. 完成数字链，然后写出对您有帮助的算式。

   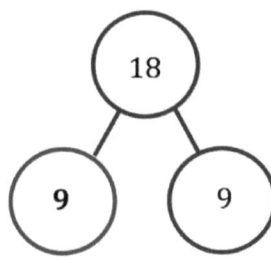

   $\underline{1 + 8 = 9}$

第 14 课：　从十三至十九减去 9 的模型。

姓名 _____   日期 _____

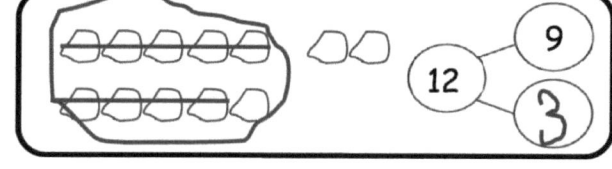

圈出 和减去。建立一个数字链。

1. 15 − 9 = ___

♥ ♥ ♥ ♥ ♥   ♥ ♥ ♥ ♥ ♥

♥ ♥ ♥ ♥ ♥

画和 10。 圈出 建立数字键。

2. 14 − 9 = ___

3. 12 − 9 = ___

4. 13 − 9 = ___

5. 16 − 9 = ___

单位的故事

6. 完成数字链，然后写出对您有帮助的算式。

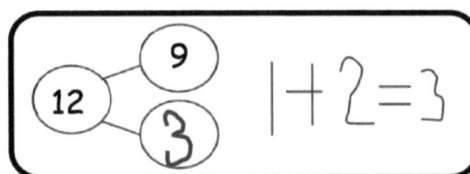

a. 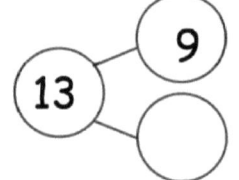 _____

b. 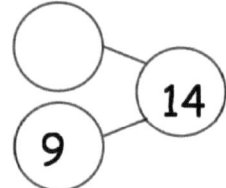 _____

c. 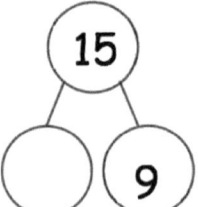 _____

d. 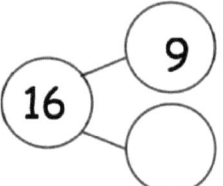 _____

7. 制作下一个数字链，然后写出一个匹配的算式。

1. 为每个5-组行图写下数字算式。

   > 我知道15由10和5组成。当我从10中取9时，我可以看到还剩下6个圆圈。

   $15 - 9 = 6$

2. 画 5-组以完成数字链，并写下 9-算式。

   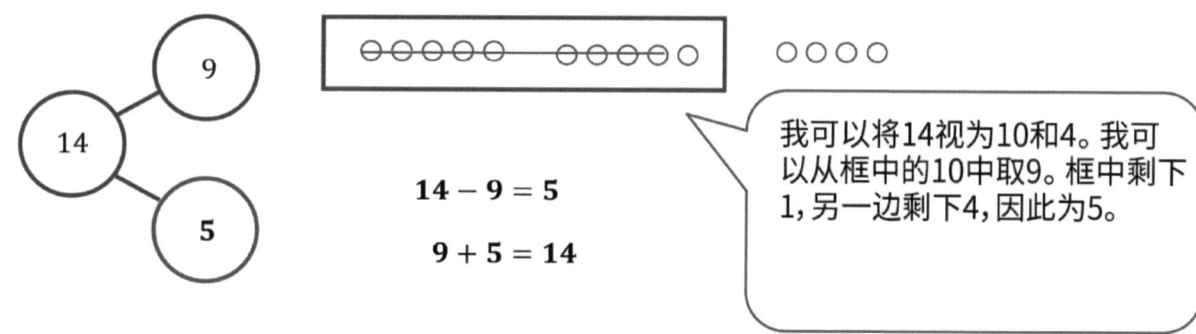

   $14 - 9 = 5$

   $9 + 5 = 14$

   > 我可以将14视为10和4。我可以从框中的10中取9。框中剩下1，另一边剩下4，因此为5。

3. 绘画 5-组以显示组成十和十减来完成两个算式。
   制作一个数字链，写两个使用该数字链的额外数字链。

   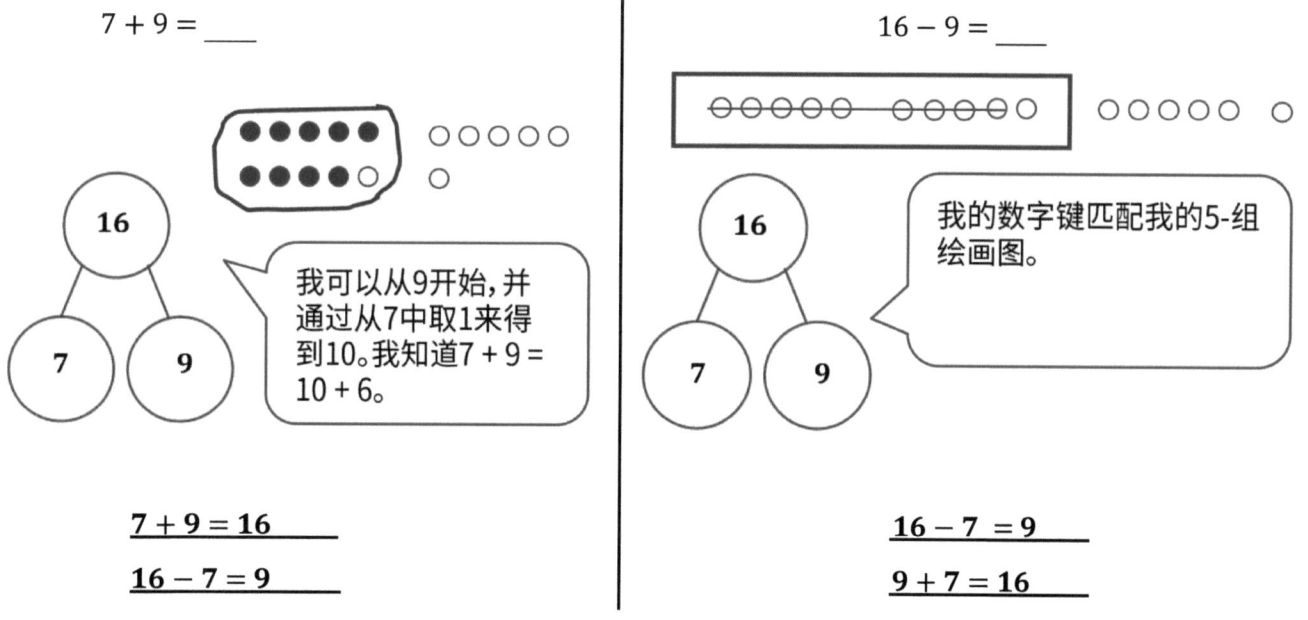

   $7 + 9 = $ ___

   > 我可以从9开始，并通过从7中取1来得到10。我知道7 + 9 = 10 + 6。

   $7 + 9 = 16$

   $16 - 7 = 9$

   $16 - 9 = $ ___

   > 我的数字键匹配我的5-组绘画图。

   $16 - 7 = 9$

   $9 + 7 = 16$

   第15课： 从十三至十九减去 9 的模型。

姓名 _____ 日期 _____

为每个5-组行图写下算式。

1.

　13 − 9 = 4

_____

_____

_____

_____

_____

画 5-组以完成数字链，并写下 9-算式。

2.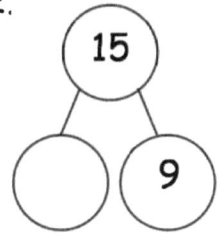

3.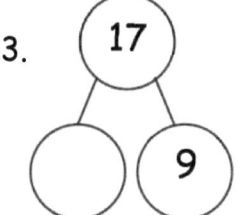

第 15 课： 从十三至十九减去 9 的模型。

单位的故事　　　　　　　　　　　　　　　　　　　　　第 15 课 家庭作业　1•2

画 5-组以完成数字链, 并写下 9-算式。

4

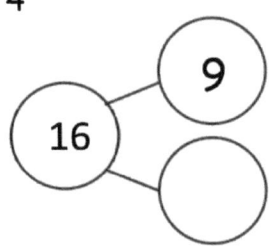

绘画 5-组以显示组成十和十减来完成两个算式。制作一个数字链, 写两个使用该数字链的额外数字链。

5. 8 + 9 = _____

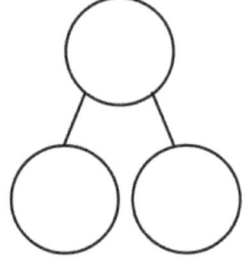

_____

_____

6. 17 − 9 = _____

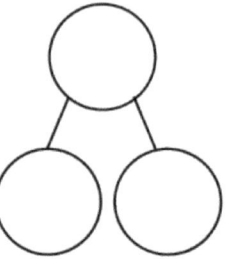

_____

_____

单位的故事　　　　　　　　　　　　　　　　　　第 16 课 家庭作业助手　1•2

1. 通过使用十减策略和计数来完成减法算式。
   说出您使用了哪种策略。

   $11 - 9 = \underline{2}$　　　⑨　10　11　　由于9非常接近11，所以我可以从9开始计数…9，10,11。

   ☐ 十减策略
   ☒ 计数

   $15 - 9 = \underline{6}$　　○○○○○ ─ ○○○○○　　○○○○○

   ☒ 十减策略
   ☐ 计数

   十减计数，我可以将15分为10和5。然后我可以从10中取9。1 + 5 = 6。

2. Shelly 收集了 12 块石头。她在其中的 9 块上面着色了。她的几块石头没有着色？选择计数或十减策略来解决。

   ⑨　10　11　12

   $9 + \underline{3} = 12$

   Shelly 的 3 块岩石未上漆。

   我选择了这个策略：
   ☐ 十减策略
   ☒ 计数

第 16 课：　　关联计数和十减策略。

3. 面包店有 16 条面包。他们在午餐前卖掉 9 条面包。他们还剩下多少条面包？选择计数或十减策略来解决。

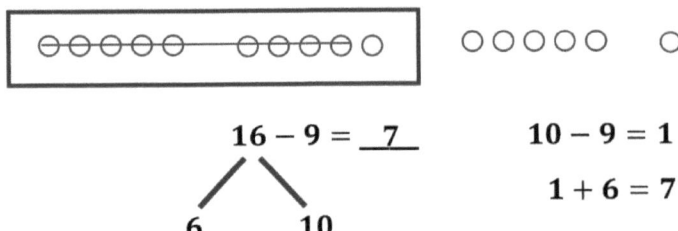

我选择了这个策略：

☒ 十减策略
☐ 计数

4. 绘画 5-组以显示组成十和十减来完成两个算式。制作一个数字链，写两个使用该数字链的额外数字链。

$7 + 9 = \_\_\_$

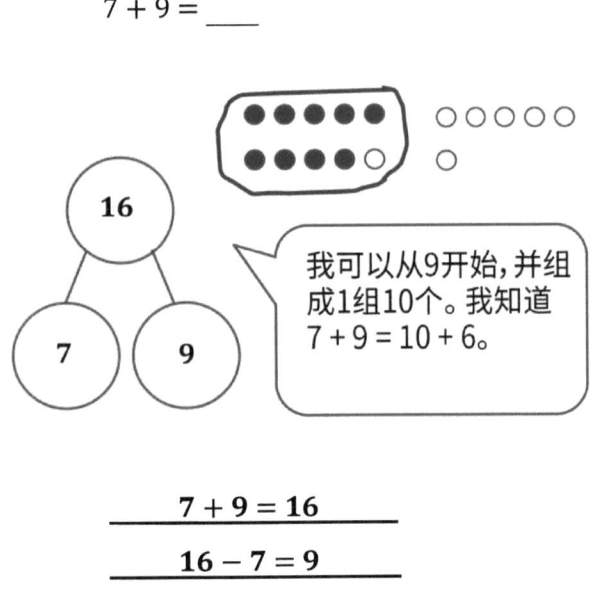

我可以从9开始，并组成1组10个。我知道 $7 + 9 = 10 + 6$。

$7 + 9 = 16$
$16 - 7 = 9$

$16 - 9 = \_\_\_$

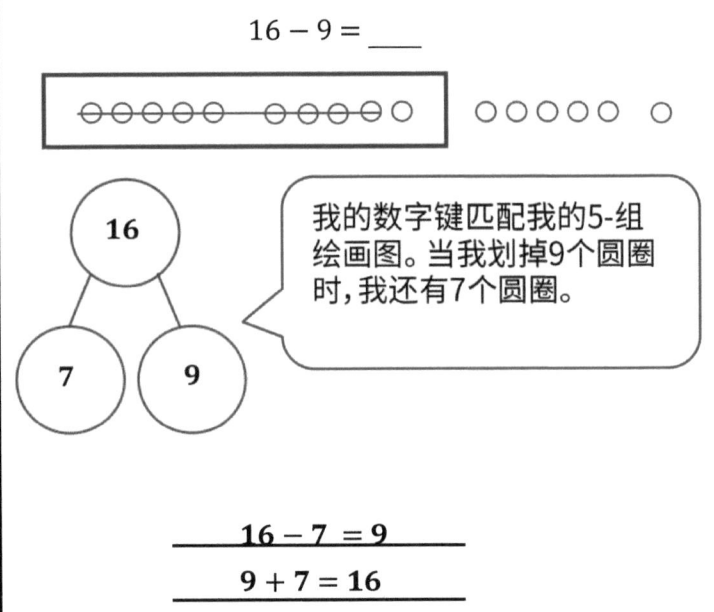

我的数字键匹配我的5-组绘画图。当我划掉9个圆圈时，我还有7个圆圈。

$16 - 7 = 9$
$9 + 7 = 16$

姓名 _____ 日期 _____

通过使用十减策略和计数来完成减法算式。说出您使用了哪种策略。

1. 17 − 9 = ___
   ☐ 十减策略
   ☐ 计数

2. 12 − 9 = ___
   ☐ 十减策略
   ☐ 计数

3. 16 − 9 = ___
   ☐ 十减策略
   ☐ 计数

4. 11 − 9 = ___
   ☐ 十减策略
   ☐ 计数

5. Nicholas 收集了 14 片叶子。他将 9 片粘贴到笔记本中。他有多少片叶子没有粘贴到他的笔记本上？选择计数或十减策略来解决。

   我选择了这个策略：
   ☐ 十减策略
   ☐ 计数

6. Shella 有 17 个橘子。她把 9 个橘子给了她的朋友们。Sehlla 剩下多少个橘子？选择计数或十减策略来解决。

我选择了这个策略：
☐ 十减策略
☐ 计数

7. Paul 有 12 颗弹珠。Lisa 有 18 颗弹珠。他们每个人从山上滚下了 9 颗弹珠。每个学生剩下了多少颗弹珠？说出您为每一个学生选择使用哪种策略。

Paul 剩下了_____颗弹珠。　　　　　　　　Lisa 剩下了_____颗弹珠。

8. 就像您今天在课堂上一样，思考如何解决以下问题，并与您的父母或监护人讨论您的想法。

$15 - 9$　　　　$13 - 9$　　　　$17 - 9$

$18 - 9$　　　　$19 - 9$　　　　$12 - 9$

$11 - 9$　　　　$14 - 9$　　　　$16 - 9$

选择您认为哪些问题比较容易用从 9 计数来解决。用一个矩形框起比较容易用十减策略来解决的问题。。记住，使用任何一种方法可能都一样容易。

1. 将算式与图画或数字链相匹配。

> 我可以从10中取8。10-8 = 2。然后，我可以把2相加到其他部分的7。2加上7等于9

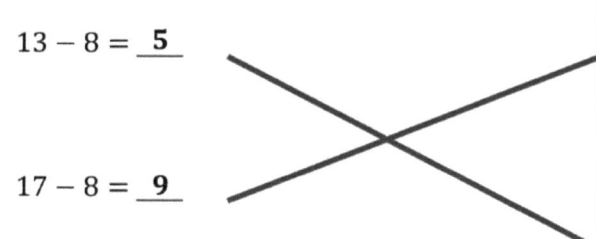

2. 画和 10。圈出)去。

Kiera 有 14 个黏土球。她给哥哥 8 个球。Kiera 保留了多少个粘土球？

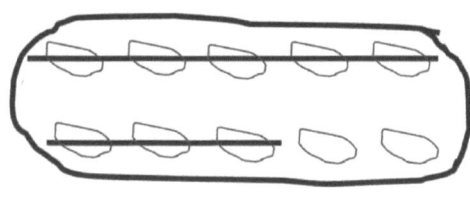

> 我可以将黏土总球数绘制为10和4。我可以画一条线，从10中取8。我看到

Kiera 保留了 __6__ 个黏土球。

3. 使用图片来填写数学故事。显示一个算式。

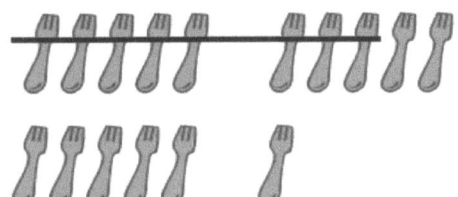

我可以用手指检查。我有10个手指和6个模拟手指。当我从10个手指中移出8个手指时，还剩下2个手指。我可以将它们添加到我的模拟手指上。现在我有8。

5-组图显示总共16把叉子。我知道8个叉子用于晚餐，因为那是被划掉的数字。

有 16 把叉子在桌上。8 把叉子用于晚餐。还剩下多少叉子用于吃甜点？

$16 - 8 = 8$

剩下8把叉子用于吃甜点。

试试吧！你能说明如何用数字链来解题吗？

16
/ \
10 6

$10 - 8 = 2$

$2 + 6 = 8$

姓名 _____ 日期 _____

1. 将算式与图画或数字链相匹配。

   a.   13 − 7 = ____

   b.   16 − 8 = ____

   c.   11 − 8 = ____

   d.   13 − 8 = ____

2. 展示如何解决 14 − 8，可以使用数字链或一个图画。

(圈出) 然后减去。

3. Milo 有 17 块石头。他将其中的 8 块扔进了池塘。他还剩下多少块？

   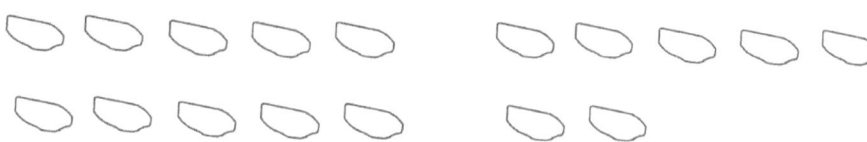

   Milo 剩下_____块石头。

画和 10。圈出去。

4. Lucy 有 $12。她花了 $8。她现在有多少钱?

露西现在有 $ ____。

绘画和 10 圈出 数字链将十三至十九分解并且减去。

5. Sean 有 15 个恐龙玩具。他给姐姐 8 个。他保留了几只恐龙玩具?

Sean 保留了____恐龙玩具。

6. 使用图片来填写数学故事。显示一个算式。

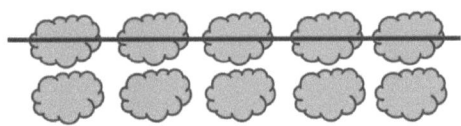
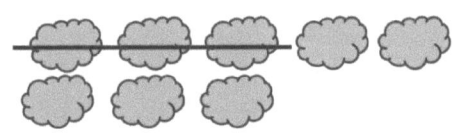

| Olivia 看到了天空中有____片云。____片云消失了。剩下了多少片云? | 试试吧!您能用说明一个数字链说明如何解决这个问题吗? |

单位的故事　　　　　　　　　　　　　　　　　　　第 18 课 家庭作业助手　1•2

1. 绘制 5-组行，然后划掉以解题。写 2 + 个额外算式以帮助您将两个部分相加。

    Sam 的桌子上有 17 支记号笔。他在艺术项目中使用了 8 支记号笔。Sam 还剩下多少支记号笔？

    ○○○○○ ─○○○○○　　○○○○○ ○○

    我的5-组行就像10个真实手指和7个模拟手指。我可以在10周围画一个框。

    17 − 8 = __9__

    2 + 7 = 9

    我可以画5-组行。17等于10加上7。我可以划掉8个圆圈，就像我隐藏8个手指一样。现在，我可以在图片中看到一个加法算式，2 + 7 = 9。

    Sam _9_ 支记号笔剩下。

2. 展示使用组成十或十减来解决算式。

    5 + 8 = __13__

    3　2

    8 + 2 = 10
    10 + 3 = 13

    13 − 8 = __5__
    10　3

    10 − 8 = 2
    2 + 3 = 5

    当我用8得到10时，我需要分解其他数字，以便可以将2和8相加。8 + 2 = 10。然后，我加上另一部分，所以10 + 3 = 13。

    每次从10取8时，我都会在另一部分加2，即2 + 3 = 5。

第 18 课：　从十三至十九减去 8 的模型。

单位的故事　　　　　　　　　　　　　　　　　　　　　　　　　第 18 课 家庭作业　1•2

姓名 _____　　　日期 _____

绘制 5-组行，然后划掉以解题。写 2 + 个额外算式以帮助您将两个部分相加。

1. Annabelle 有 13 条金鱼。八条金鱼吃了鱼食。多少金鱼没有吃鱼食？

   | _____条金鱼没有吃鱼食。 |

2. Sam 收集了 15 桶雨水。他用 8 桶水给植物浇水。
   Sam 剩下了几桶雨水？

   | Sam 剩下_____桶雨水。 |

3. 池塘里有 19 只乌龟在游泳。一些乌龟爬上了干的
   石头，现在只有 8 只乌龟在游泳。干石头上有多少只乌龟？

   | 有_____只乌龟在干石头上。 |

第 18 课：　　从十三至十九减去 8 的模型。　　　　　　　　　237

单位的故事 | 第 18 课 家庭作业 1•2

展示使用组成十或十减来解决算式。

4. 7 + 8 = _____

5. 15 − 8 = _____

通过绘制 5-组行来查找缺少的数字。

6. 11 − 9 = _____

7. 14 − 9 = _____

8. 绘制 5-组行以显示故事。划掉或使用数字链来解决。写一个算式以显示您如何解决此问题。

家里有 14 个人。十个人正在看一场足球比赛。有四个人在玩棋盘游戏。八个人离开了。有多少人留下来？

_____ 个人留在家里。

1. 通过使用十减策略和计数来完成减法算式。

   > 我可以使用数字路径先得到10来进行计数。

   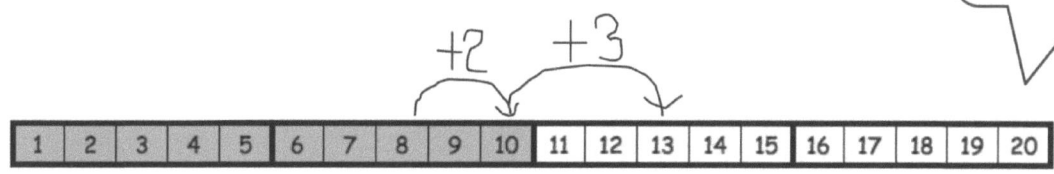

   $13 - 8 = \underline{\ 5\ }$
   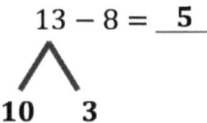

   $8 + \underline{\ 5\ } = 13$

   > 我可以从8开始,跳跃2个正方形到10,然后再跳3到13。2 + 3 = 5。这就像我的十减策略一样!
   > $10 - 8 = 2, \quad 2 + 3 = 5.$

2. 选择计数策略或十减策略来解决。

   $15 - 8 = \underline{\ 7\ }$

   10　5

   $12 - 8 = \underline{\ 4\ }$

   ⑧　9　10　11　12

   > 我知道 8 需要 2 来达到十。12 是 10 + 2。我需要加 2 来达到 12。我可以加所需的 2 来达到十,然后加所需的 2 来达到 12,就可以得到答案。
   > $2 + 2 = 4.$

第 19 课: 比较计数和十减的效率。

3. 使用一个数字链来显示您如何使用十减策略来解决问题。

   Benny 吃了 8 片苹果片。如果他一开始有 17 片,他还剩下多少苹果片?

   $17 - 8 = \underline{9}$

   10   7

   $10 - 8 = 2$
   $2 + 7 = 9$

   Benny 剩下了 $\underline{9}$ 块苹果片。

4. 将加法算式与减法算式相匹配。写出缺少的数字。

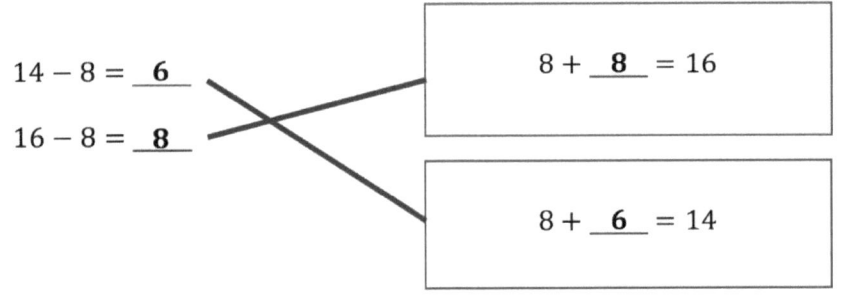

$14 - 8 = \underline{6}$
$16 - 8 = \underline{8}$

$8 + \underline{8} = 16$

$8 + \underline{6} = 14$

我可以在数字路径上从8开始,跳跃2个正方形得到10,然后再跳4就得到14。$2 + 4 = 6$

第 19 课: 比较计数和十减的效率。

姓名 _____ 日期 _____

通过使用十减策略和计数来完成减法算式。

1. a. 12 - 8 = ____   b.   8 + ____ = 12

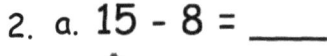

2. a. 15 - 8 = ____   b.   8 + ____ = 15

选择计数策略或十减策略来解决。

3. 11 − 8 = ____

4. 17 − 8 = ____

使用一个数字链来显示您如何使用十减策略来解决问题。

5. Elise 数了人行道上有 16 条蠕虫。八条蠕虫爬进了泥土。Elisa 仍然看到行人道上有多少条蠕虫？

   16 − 8 = _____

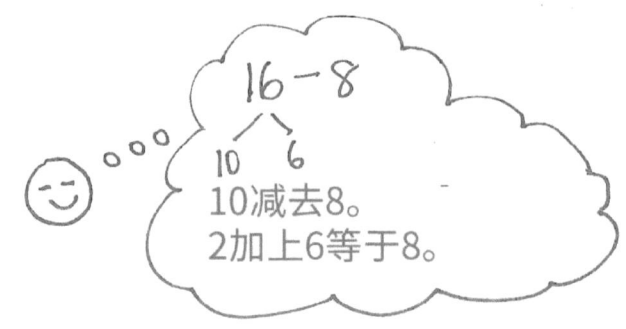

   Elise 仍然看到行人道上有_____条蠕虫。

6. John 吃了 8 片橙子。如果他一开始有 13 片，他还剩下多少片橙子？

   John 还剩下_____片橙片。

7. 将加法算式与减法算式相匹配。写出缺少的数字。

   a. 12 - 8 = _____

   b. 15 - 8 = _____

   c. 18 - 8 = _____

   d. 11 - 8 = _____

   8 + ____ = 11

   8 + ____ = 18

   8 + ____ = 12

   8 + ____ = 15

单位的故事　　　　　　　　　　　　　　　　　　　　第 20 课 家庭作业助手　1•2

1. 完成算式以使它们正确。

   $14 - 9 = \underline{5}$　　　　$14 - 8 = \underline{6}$　　　　$14 - 7 = \underline{7}$

   > 我可以在脑海中形成一张图片。我可以从10中取9,然后再加上1和4。

   > 我可以想到数字路径,并数数先得到10,想象从8开始并跳跃2个正方形以得到10。然后,我可以再跳4到14。2加上4等于6。

   > 我可以用我的手指的十减策略。我可以放下7根手指,然后剩下3根手指。我会将它们添加到我的4个模拟手指中。3 + 4 = 7

2. 阅读数学故事。使用一张图画或一个数字链来显示如何知道谁是对的。

   Emma 说表达式 16 - 7 和 17 - 8 是相等的。Jordan 说他们不相等。谁是对的?

   艾玛是对的。

   $16 - 7 = \underline{9}$　　　　　　　　$17 - 8 = \underline{9}$
   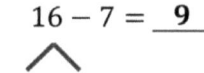
   　10　6　　　　　　　　　　　　　10　7

   　　　　$10 - 7 = 3$　　　　　　　　　　$10 - 8 = 2$
   　　　　$3 + 6 = 9$　　　　　　　　　　$2 + 7 = 9$

   > 当我每道题采用十减策略时,我采用更简单的数字算式:3 + 6 = 9和2 + 7 = 9。两个表达式都等于9,因此艾玛是正确的;表达式相等!

第 20 课:　从十三至十九减去 7、8 和 9。

单位的故事　　　　　　　　　　　　　　　　　　　　　　第 20 课 家庭作业助手　1•2

Jordan 和 Emma 试图找到一些以大于 10 的数字开头且答案为 8 的减法算式。帮助他们找出一些算式。他们开始了第一个。

$17 - 9 = \underline{8}$	$18 - 10 = 8$
$16 - 8 = 8$	$15 - 7 = 8$

如果我从17 — 9的数字中减去1，我将得到16到8。差不变。仍然是8。

如果我在17-9的数字上加1，我将得到18-10。差不变。仍然是8。

姓名 _____ 日期 _____

完成算式以使它们正确。

1. 15 - 9 = _____   2. 15 - 8 = _____   3. 15 - 7 = _____

4. 17 - 9 = _____   5. 17 - 8 = _____   6. 17 - 7 = _____

7. 16 - 9 = _____   8. 16 - 8 = _____   9. 16 - 7 = _____

10. 19 - 9 = _____   11. 19 - 8 = _____   12. 19 - 7 = _____

13. 匹配相等的表达式。

    a. 19 - 9   12 - 7

    b. 13 - 8   18 - 8

14. 阅读数学故事。使用一张图画或一个数字链来显示如何知道谁是对的。

   a. Elsie 说表达式 17 - 8 和 18 - 9 相等。John 说它们不相等。谁是对的？

   b. John 说表达式 11 - 8 和 12 - 8 不相等。Elsie 说它们是相等的。谁是对的？

   c. Elsie 说, 要解决 17 - 9, 她可以从 17 中取一, 然后将它给 9 来组成 10。因此 17 - 9 等于 16 - 10。John 认为 Elsie 犯了一个错误。谁是正确的？

   d. John 和 Elsie 试图找到一些以大于 10 的数字开头且答案为 7 的减法算式。帮助他们找出一些算式。他们开始了第一个。

   16 - 9 = _____

单位的故事　　　　　　　　　　　　　　　　　　　　　　　　第 21 课 家庭作业助手　1•2

Oscar 和 Jayi a 都解决了文字问题。
写下他们作业中使用的策略。
检查他们的作业。如果不正确，请正确解决。
如果正确解决，请使用其他策略解决。

策略：
- 组成 10
- 组成 10
- 计数
- 我就是知道

佐拉使用了一个不错的策略，但是她并没有从正确的数字7开始。她应该从3计数以得到10（见下文）。

烤箱里有 16 个燕麦棒。其中 7 个有坚果。
其余的都没有坚果。多少粒燕麦棒不含坚果？

奥斯卡的作业

$3 + 6 = 9$

佐拉的作业

$$8 \xrightarrow{+2} 10 \xrightarrow{+6} 16$$

$2 + 6 = 8$

奥斯卡是对的！他将总数16画为5-组行。然后，他划掉了7。看，还剩下3和6！

第 21 课：　分享和批评同学对减去结果未知和分解但加数未知的从十三到十九的文字问题。

a. 战略：**_10 减_**

$$16 - 7 = 9$$
$$7 + 3 = 10$$
$$10 + 6 = 16$$
$$3 + 6 = 9$$

b. 战略：**_计数_**

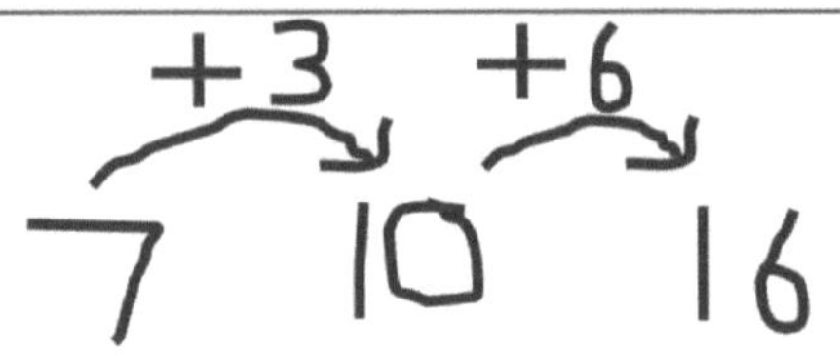

7 → +3 → 10 → +6 → 16

$$3 + 6 = 9$$

> 十加策略也可以用来解题。7需要3得到10。10需要6得到16。
>
> $3 + 6 = 9$

第21课： 分享和批评同学对*减去结果未知*和*分解但加数未知*的从十三到十九的文字问题。

姓名 _____ 日期 _____

Olivia 和 Jake 都解决了文字问题。
写下他们作业中使用的策略。
检查他们的作业。如果不正确,请正确解决。
如果正确解决,请使用其他策略解决。

> 策略:
> - 组成 10
> - 组成 10
> - 计数
> - 我就是知道

1. 一个水果碗里有 13 个苹果。Mike 从果盘里吃了 6 个苹果。还剩下多少个苹果?

Olivia 的作业

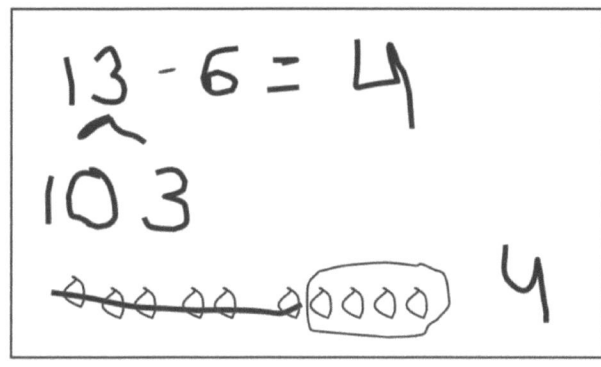

Jake 的作业

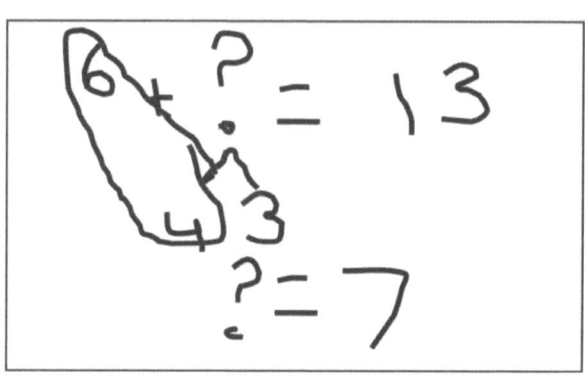

a. 策略: _____

b. 策略: _____

c. 在下面说明您的策略选择。

2. Drew 的盒子里有 17 张棒球卡。他有 8 张红袜队球员的卡，并且其余是洋基队球员的卡。Drew 的盒子里有多少张洋基队球员的卡？

Olivia 的作业

Jake 的作业

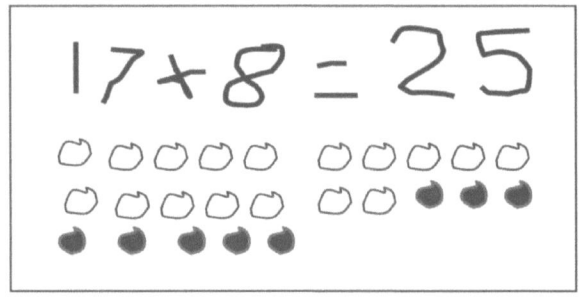

a. 策略：_____

b. 策略：_____

c. 在下面说明您的策略选择。

阅读习题。画图与标记。写一个算式和一个陈述以匹配故事。
请记住在算式中的解决方案周围画一个方框。

Lee 有 16 支铅笔。其中 7 支是红色的，其余的是绿色的。Lee 有几支绿色铅笔？

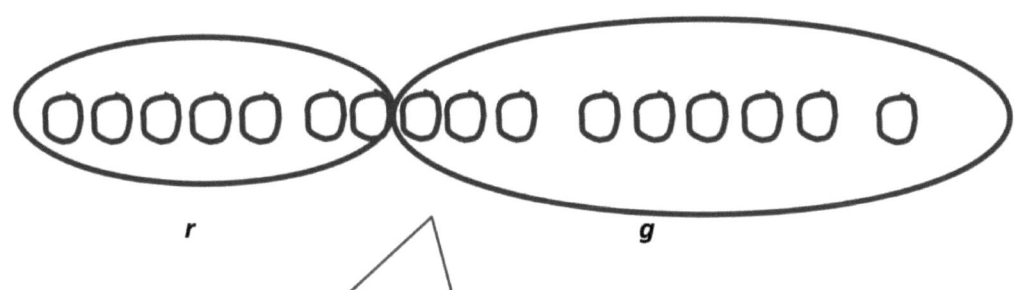

我可以在5-组行中绘制16个圆圈来表示16支铅笔。我可以圈出7个圈并标记这部分为 r，因为有7支红色铅笔。我可以圈出剩下的部分并标记为 g，因为其余的铅笔是绿色的。我可以很快看到标记为 g 的部分是9。有9支绿色铅笔。

$16 - 7 = \boxed{9}$

我可以从16中减去7得到答案。我的数字算式是 16 - 7 = 9。我沿9画一个方框，因为那是我在故事中不知道的数字。

我也可以写 7 + 9 = 16。这是解题的另一种方法。我会沿9画一个方框，因为这是故事中的未知数。

9 支铅笔是绿色的。

我答题的陈述句是"九支铅笔是绿色的"。

姓名 _____ 日期 _____

阅读文字问题。
画图与标记。
写一个算式和一个陈述以匹配故事。

请记住在算式中的解决方案周围画一个方框。

> 策略：
> - 组成 10
> - 组成 10
> - 计数
> - 我就是知道

1. Michael 和 Anastasia 为他们的妈妈摘了 14 朵花。Michael 摘了 6 朵花。Anastasia 摘多少朵花？

2. Daquan 买了 6 辆玩具车。他还买了一些杂志。他总共买了 15 件东西。Daquan 买了几本杂志？

3. Henry 和 Millie 烤了 18 块饼干。其中的九块饼干有巧克力片。其余的都是燕麦片。多少块饼干是燕麦片？

第 22 课： 解决相加/分解但加数未知文字问题，并关联计数和十减策略。

4. Felix 做了 8 张有心形的生日邀请卡。他剩下的都是星形邀请卡。他共做了 17 张邀请卡。有多少张星形邀请卡？

5. Ben 和 Miguel 正在打保龄球比赛。Ben 赢了 9 次。他们总共玩了 17 场比赛。没有平手。Miguel 赢了几次？

6. Kenzie 本月参加了 16 天的足球练习。她只有 9 次习惯是在上学的日子。她有几次周末练习？

阅读习题。画图与标记。写一个算式和一个陈述以匹配故事。

Sue 在星期一绘制了 8 个三角形，在星期二绘制了更多三角形。Sue 总共画了 14 个三角形。Sue 在星期二画了几个三角形？

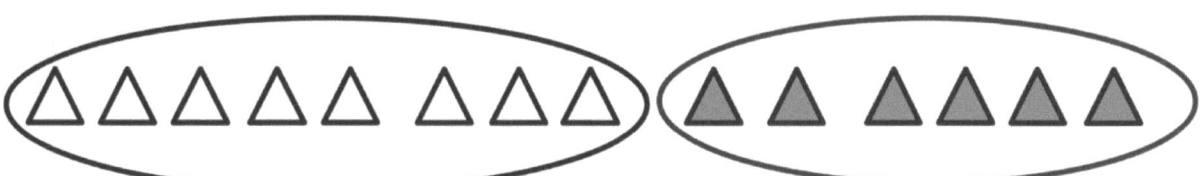

M　　　　　　　　　　T

我可以先画8个三角形。这些是Sue周一所画的。我会写M来标记它们。

然后，我将继续绘制三角形，直到有14个三角形。我需要再画2个三角形来得到10个三角形，然后再绘制4个三角形来得到14个三角形。这是Sue在周二画的6个三角形。

这个 T 代表星期二，给它们着色，这样我就可以知道我添加了哪些三角形。

我要圈出每个部分。

$8 + \boxed{6} = 14$

苏在周二画了 6 个三角形。

我的数字算式是 $8 + 6 = 14$。我沿6画一个方框，因为这是我在故事中不知道的数字。

我可以写 $14 - 8 = 6$，因为这是得到答案的另一种方法。我仍然会沿6画一个方框。

这是我的陈述句。它回答了习题中的问题。

单位的故事　　　　　　　　　　　　　　　　　　　　　　　　第 23 课 家庭作业　1•2

姓名 _____　　　日期 _____

读文字问题。
画图与标记。
写一个算式和一个陈述以匹配故事。

1. Micah 在星期五收集了 9 个松果，在星期六收集了更多。Micah 总共收集了 14 个松果。Micah 在星期六收了几个松果？

2. Giana 购买了 8 张星形贴纸，以添加到她的收藏中。现在，她总共有 17 张贴纸。最初，Giana 有多少张贴纸？

第 23 课：　解决随着变化增加未知问题，涉及各种加法和减法

3. Samil 在大街上数了 5 只鸽子。后来来了一些鸽子。一共有 13 只鸽子。后来来了几只鸽子?

4. Claire 在冰箱里放了一些鸡蛋。她后来又买了 12 个鸡蛋。现在,她总共有 18 个鸡蛋。Claire 刚开始在冰箱里有几个鸡蛋?

单位的故事　　　　　　　　　　　　　　　　　　　　　　　第 24 课 家庭作业助手　1•2

阅读习题。画图与标记。写一个算式和一个与故事以匹配故事。

桌上有 14 支铅笔。一些学生借了铅笔。桌上还剩 9 支铅笔。学生们借了几支铅笔？

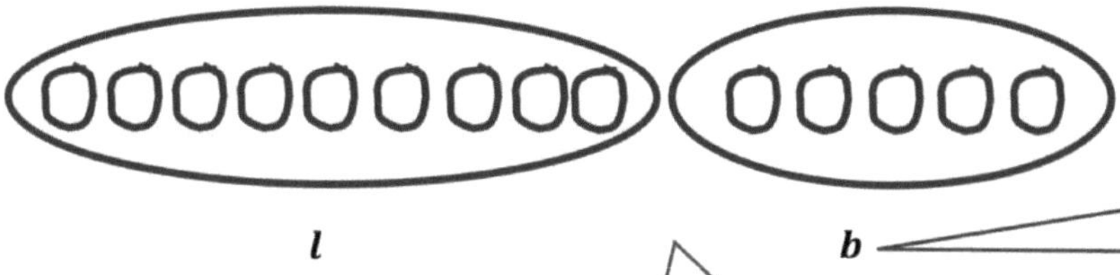

这个 b 代表借来的。这些是学生借的铅笔。

我可以画14个圆圈表示14支铅笔。然后，我可以圈出其中的9支。这些是桌上剩下的9支铅笔。其余的是学生借的铅笔，所以学生借了五支铅笔。我也可以圈出这一部分。这使得更容易看到两个部分。

这个 b 代表借来的。这些是学生借的铅笔。

我的数字算式是14-5 = 9。这说明有14支铅笔和5支被借了，剩下9支铅笔留在桌上。
我可以说9 + 5 = 14或14-9 = 5。这些也是正确的。这就是为什么在数字算式的答案周围放置矩形很重要。

14 - ⏹5 = 9

5支铅笔被借出。

我答题的陈述句是"5支铅笔是借的"。

第 24 课：　制定战略来解决减去而未知变化问题。　　　　　259

姓名 _____   日期 _____

读文字问题。

画图与标记。

写一个算式和一个陈述以匹配故事。

1. Toby 掉了 12 支蜡笔在教室地板上。Toby 捡起了 9 支蜡笔。Marnie 捡起了剩下的。Marnie 捡起了几支蜡笔？

2. 操场上有 11 个学生。一些学生回到了教室。如果有 7 个学生留在外面，有多少学生回到了里面？

第 24 课： 制定战略来解决*减去而未知变化*问题。

3. 在戏剧中，来自 Frank 先生教室的 8 名学生坐了下来。如果有 17 个孩子来自第 24 号教室，那么有多少个孩子没有座位？

4. Simone 有 12 个贝果饼。她和朋友分享了一些。现在，她还有 9 个贝果饼。她与朋友分享了多少个？

单位的故事　　　　　　　　　　　　　　　　　　　　　　　　第 25 课 家庭作业助手　1•2

1. 圈选"对"或"错"。

方程	对或错?
9 + 1 = 5 + 4	对 /(错)

> 这两个方程必须相等。
>
> 9 + 1 = 10
> 5 + 4 = 9
> 它们不相等。我要圈出错的。

2. Lola 和 Charlie 正在使用表达式卡制作实数算式。
   用图片和文字显示谁是对的。

   Charlie 选了 11 - 8，而 Lola 选了 2 + 1。Charlie 说，这些表达式不相等，但 Lola 不同意。谁是对的? 用图片解释你的想法。

> 这两个表达式必须相等。我可以使用十减策略来解决习题11-8。10 − 8 = 2，然后我把11中额外的1加回来。2 + 1 = 3，所以11-8 = 3。

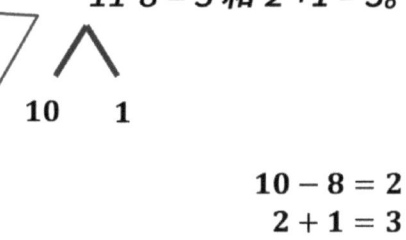

11-8 = 3 和 2 +1 = 3。

10 − 8 = 2
2 + 1 = 3

Lola是对的。11 − 8 = 2 + 1

> 2 + 1很容易。等于3。因为11-8 = 3且2 +1 = 3，所以两个表达式相等。Lola是对的。

3. 以下加数算式是错误的。在每个问题中更改一个数字以构成正确算式，然后重写该算式。

10 + 5 = 8 + 6　　　　　10 + 5 = 9 + 6

> 10 + 5 = 15。但是8 + 6 = 14。我可以将8更改为9，因为9 + 6 = 15，就像10 + 5一样。
>
> 我可以将5更改为4，以得到10 + 4 = 8 + 6，如果我希望这样。这将是另一个真数字算式。

第 25 课：　制定策略并应用对等号的理解以解决等价表达式。　　263

姓名 _____ 日期 _____

1. 圈选"对"或"错"。

等式	对或错?
a. 2 + 3 = 5 + 1	对 / 错
b. 7 + 9 = 6 + 10	对 / 错
c. 11 - 8 = 12 - 9	对 / 错
d. 15 - 4 = 14 - 5	对 / 错
e. 18 - 6 = 2 + 10	对 / 错
f. 15 - 8 = 2 + 5	对 / 错

2. Lola 和 Charlie 正在使用表达式卡制作实数算式。用图片和文字显示谁是对的。

   a. Lola 选了 4 + 8，而 Charlie 则选了 9 + 3。Lola 说这些表达式是相等的，但 Charlie 不同意。谁是对的？解释你的想法。

b. Charlie 选了 11 - 4,而 Lola 则选了 6 + 1。Charlie 说这些表达式是不相等的,但 Lola 不同意。谁是对的?用图片解释你的思维。

c. Lola 选了 9 + 7,而 Charlie 则选了 15 - 8。Lola 说这些表情是相等的,但 Charlie 不同意。谁是对的?用图片解释你的思维。

3. 以下加数算式是错误的。在每个问题中更改一个数字以构成正确算式,然后重写该算式。

   a. 10 + 5 = 9 + 5 _____

   b. 10 + 3 = 8 + 4 _____

   c. 9 + 3 = 8 + 5 _____

1. 圈出十。写下数字。有多少个十和一?

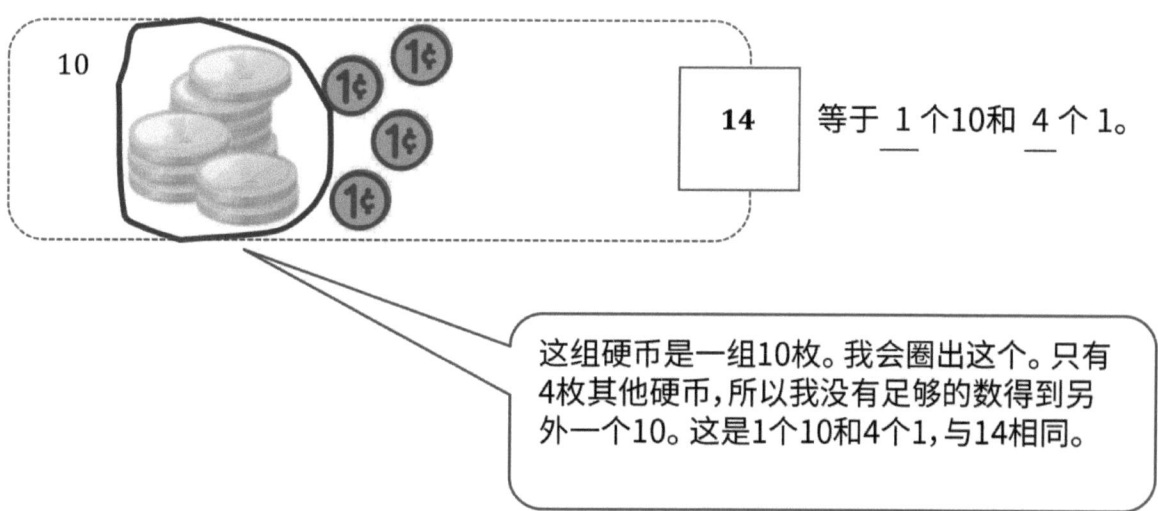

14 等于 1 个10和 4 个1。

这组硬币是一组10枚。我会圈出这个。只有4枚其他硬币,所以我没有足够的数得到另外一个10。这是1个10和4个1,与14相同。

2. 使用隐藏零图片来绘制卡片上显示的十和一。

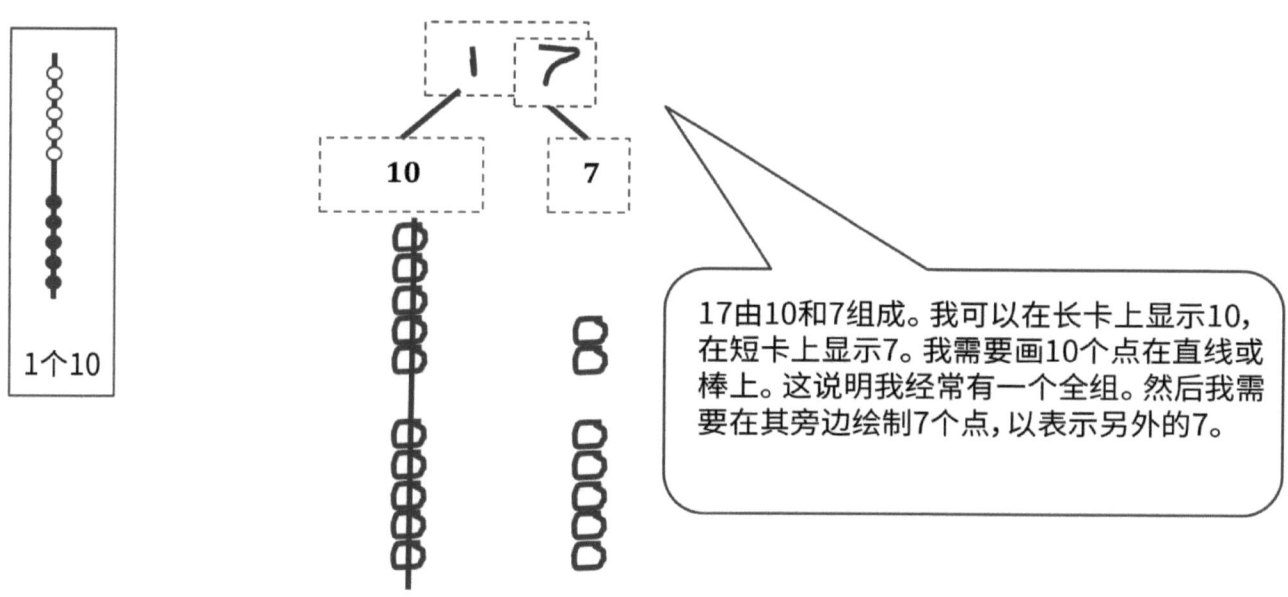

17由10和7组成。我可以在长卡上显示10,在短卡上显示7。我需要画10个点在直线或棒上。这说明我经常有一个全组。然后我需要在其旁边绘制7个点,以表示另外的7。

3. 画 5-组卡以显示十和一。

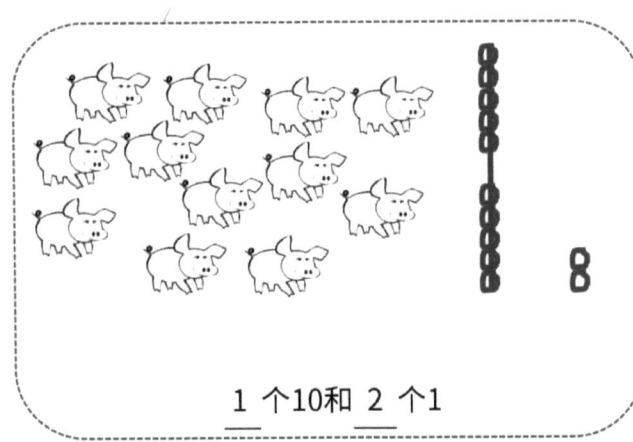

1 个10和 2 个1

> 这就像上面的习题一样。让我数一下猪…. 嗯,有十二头猪。首先,我将点添加到直线或棒上。这直线上应该是10,因为这条直线提醒我们有1个全组的10,以得到1个10。然后我必须再画2点,因为12比10多2。这是1个10和2个1。

4. 使用5-组列绘制自己的示例以显示十和一。

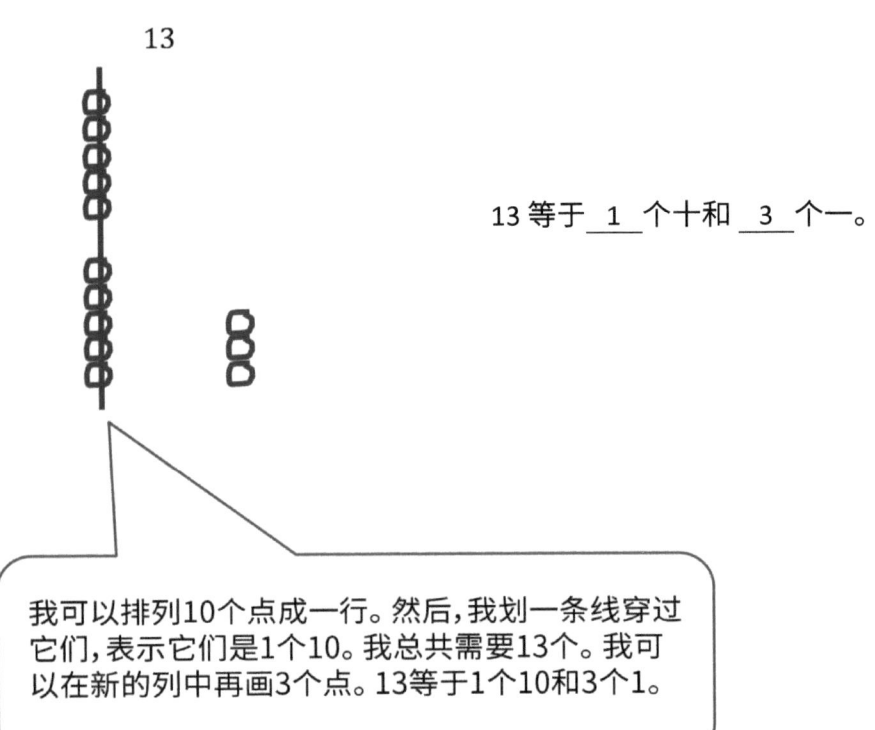

13 等于 __1__ 个十和 __3__ 个一。

> 我可以排列10个点成一行。然后,我划一条线穿过它们,表示它们是1个10。我总共需要13个。我可以在新的列中再画3个点。13等于1个10和3个1。

姓名 _____   日期 _____

圈出十。写下数字。有多少个十和一？

1. 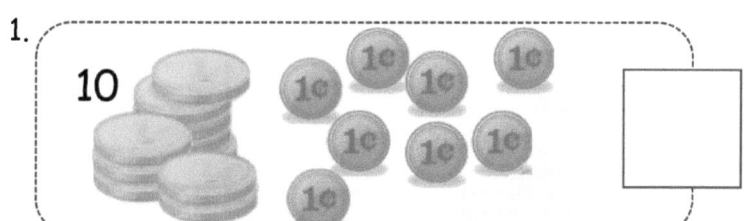 等于 ____ 个十和 ____ 个一。

2. 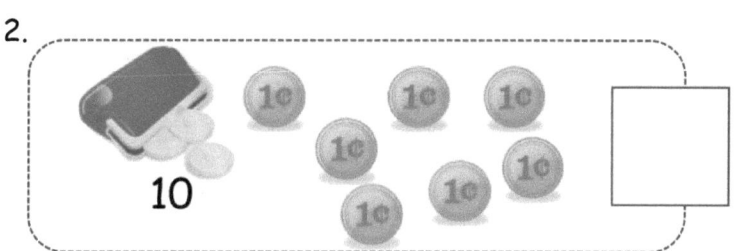 等于 ____ 个一和 ____ 个十。

使用隐藏零图片来绘制卡片上显示的十和一。

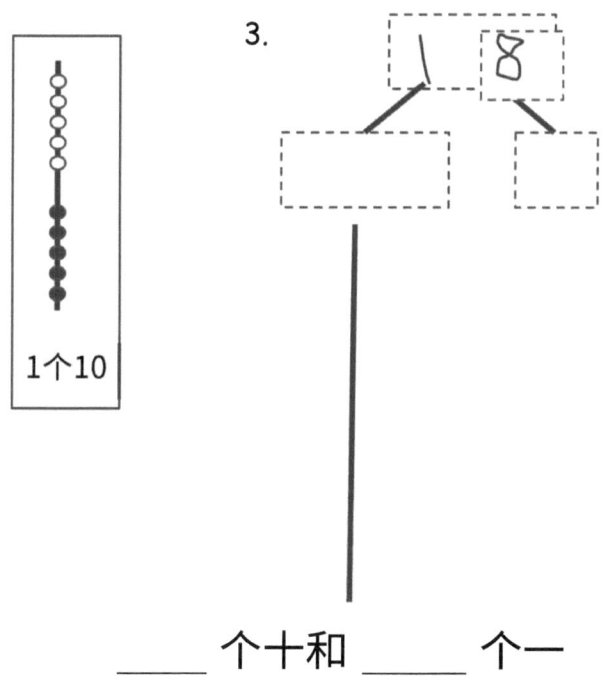

3.

____ 个十和 ____ 个一

4.

____ 个十和 ____ 个一

单位的故事

画 5-组卡以显示十和一。

5.

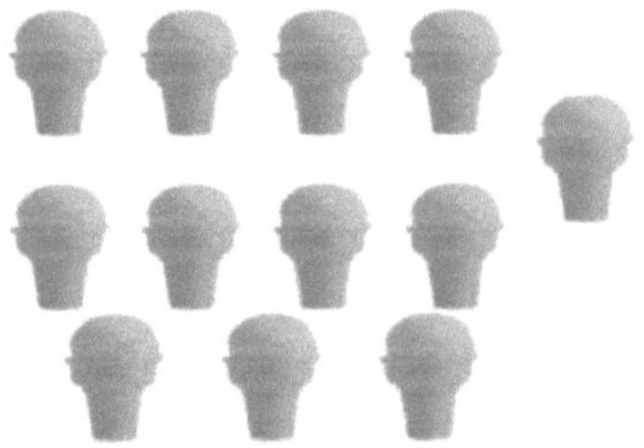

___个10和____个1

6.

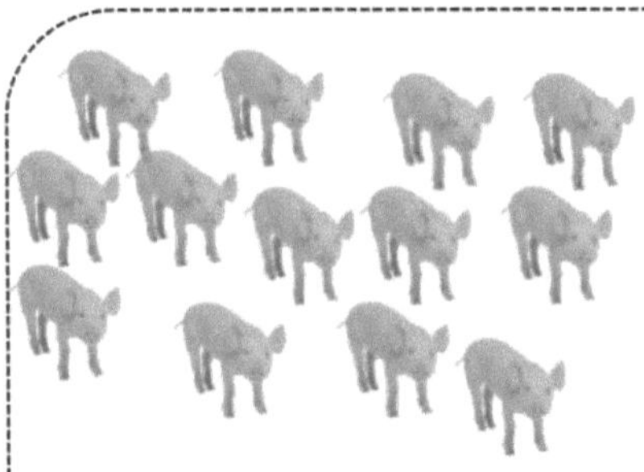

___个10和____个1

使用 5-组列绘制自己的示例以显示十和一。

7.   16

16 等于

___ 个十和 ____ 个一。

8.   19

19 等于

____ 个一和 ____ 个十。

1. 解决问题。写出答案以显示有多少个十和一。

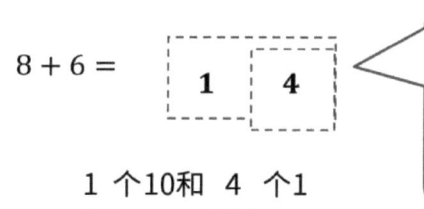

$8 + 6 =$ 〔 1 | 4 〕

<u>1</u> 个10和 <u>4</u> 个1

从8到10还需要多少？2。当我使用6中的2时，我仍然必须再添加4。这是1个10和4个1等于14。

我们假设0个10。

$14 - 8 =$ 〔 0 | 6 〕

<u>0</u> 个10和 <u>6</u> 个1

10-8 = 2。如果我从10中取8，将有2和4剩下。2 + 4 = 6

2. 阅读文字问题。画图并贴标签。写一个算式和一个陈述以匹配故事。重写您的答案以显示它的十和一。

Jack 在鸟屋中看到 5 只鸟，在树上看到 15 只鸟。Jack 看见几只鸟？

我可以为树中的鸟画15个圆圈，为鸟笼中的鸟再画5个圆圈。一共有20只鸟。

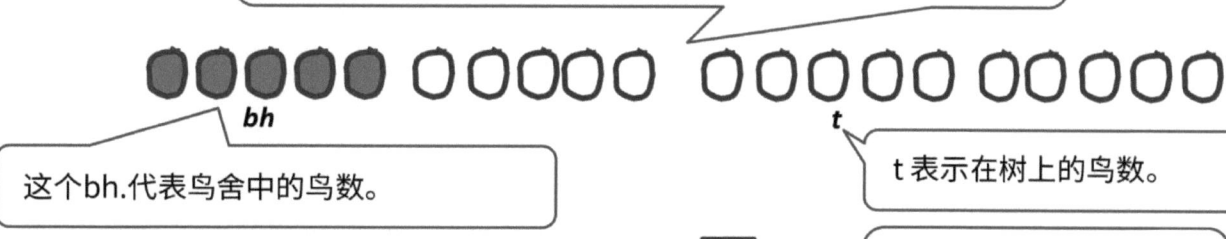

这个bh.代表鸟舍中的鸟数。

t 表示在树上的鸟数。

我的数字算式匹配我的图画。

$15 + 5 =$ 〔20〕

有20只鸟。

20由2个10组成，没有1。

<u>2</u> 个10和 <u>0</u> 个1

第27课： 解决加法和减法问题，将十三到十九分解和合成为1个十和一些一。

单位的故事

姓名 _____ 日期 _____

解决问题。写出答案以显示有多少个十和一。

1.
   8 + 5 =

   ____ 个十和 ____ 个一

2.
   12 - 4 =

   ____ 个十和 ____ 个一

3.
   15 - 6 =

   ____ 个十和 ____ 个一

4.
   14 + 5 =

   ____ 个十和 ____ 个一

5.
   13 + 5 =

   ____ 个十和 ____ 个一

6.
   17 - 8 =

   ____ 个十和 ____ 个一

第 27 课: 解决加法和减法问题，将十三到十九分解和合成为 1 个十和一些一。

阅读文字问题。**画**图与标记。**写**一个算式和一个陈述以匹配故事。重写您的答案以显示它的十和一。

7. Mike 有一些红色玩具车和 8 辆蓝色玩具车。如果 Mike 有 9 辆红色玩具车,那么他总共有几辆玩具车?

_____ 个十和 _____ 个一

8. Yani 和 Han 有 14 个高尔夫球。他们弄丢了一些球。他们还剩下 8 个高尔夫球。他们弄丢了多少个球?

_____ 个十和 _____ 个一

9. Nick 在周末骑了 6 英里自行车。他在平日骑了 14 英里。Nick 总共骑了多少英里?

_____ 个十和 _____ 个一

1. 解决问题。写出答案以显示多少个十和一。

   9 + 6 = [1][5]

   _9_ + _1_ = _10_
   _10_ + _5_ = _15_

   > 9需要1才能得到10。然后我需要再添加5。10 + 5 = 15。这是1个10和5个1。

2. 解题。为每个步骤中写下两个算式以显示您如何造十。

   Ani 有 9 朵花。她摘了 5 朵新花。Ani 有几朵花？

   _9_ + _5_ = _14_

   _9_ + _1_ = _10_
   _10_ + _4_ = _14_

   > 9还需要1才能得到10。
   > 9 + 1 = 10
   > 由于我从5中取了1，所以我必须再加4。
   > 10 + 4 = 14

第 28 课： 以十为单位解决加法问题，并编写两步式的解决方案。

姓名 _____ 日期 _____

解决问题。写出答案以显示有多少个十和一。

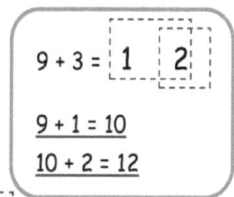

1. 9 + 7 = ☐☐

   ___ + ___ = ___

   ___ + ___ = ___

2. 8 + 5 = ☐☐

   ___ + ___ = ___

   ___ + ___ = ___

解题。为每个步骤中写下两个算式以显示您如何造十。

3. Boris 的书架上有 9 个棋盘游戏，壁橱里有 8 个棋盘游戏。Boris 总共有几个棋盘游戏？

   9 + 8 =

   ___ + ___ = ___

   ___ + ___ = ___

4. Sabra 用 8 块积木建造了一座塔。Yuri 用 7 块积木建了另一座塔。他们使用了多少块积木？

5. Camden 解决了 6 个加数文字问题。她还解决了 9 个减法文字问题。她总共解决了多少个文字问题?

6. Minna 用她的珠子做成了 4 条手镯和 8 条项链。Minna 做成了多少件首饰?

7. 我在农贸市场的把 5 个桃子放进袋子里。如果我的袋子里本来已经有 7 个苹果,我总共有几个水果?

解决问题。写出答案以显示有多少个十和一。

分两步显示您的解决方案：

步骤1:写一个算式来十减。

步骤2:写一个算式来添加其余部分。

$$\boxed{1\ 5} - 9 = \mathbf{6}$$

$\underline{10} - \underline{9} = \underline{1}$

$\underline{1} + \underline{5} = \underline{6}$

> 15由10和5组成。我可以从10中快速取9。

> 然后，我可以将1加到我没动过的5上。1 + 5 = 6

姓名 _____ 日期 _____

解决问题。写出答案以显示多少个**十**和**一**。

> | 1 | 2 | - 5 = 7
> 10 - 5 = 5
> 5 + 2 = 7

1. | 1 | 7 | - 8 = _____

   ____ - ____ = ____

   ____ + ____ = ____

2. | 1 | 6 | - 7 = _____

   ____ - ____ = ____

   ____ + ____ = ____

解题。为每个步骤中写下两个算式以显示您如何十减。请记住在解决方案周围画一个方框并且写一个陈述。

3. Yvette 在公园里数了 12 个孩子。她在操场上数了 3 个，其余的在沙地里玩。她数了多少个孩子在沙地里玩？

   ____ - ____ = ____

   ____ + ____ = ____

---

4. Eli 读了一些科学杂志。然后，他阅读了 9 本体育杂志。如果他一共读了 18 本杂志，Eli 读了几本科学杂志？

   ____ - ____ = ____

   ____ + ____ = ____

5. 周一，Paulina 从图书馆里借了 6 本关于鲸鱼的书和一些关于乌龟的书。如果她总共借了 13 本书，那么 Paulina 借了几本关于乌龟的书？

_____ - _____ = _____

_____ + _____ = _____

6. 一些孩子在公园里踢足球。七个穿着白衬衫。如果总共有 14 个孩子在踢足球，有多少个孩子没有穿白色衣服衬衫？

_____ - _____ = _____

_____ + _____ = _____

7. Dante 在他的房间里有 9 只毛绒动物玩偶。他其余的毛绒动物玩偶在电视室里。Dante 有 15 个毛绒动物玩偶。Dante 在电视室里有多少个毛绒动物玩偶？

_____ - _____ = _____

_____ + _____ = _____

1年级

模块3

1. 按照指示。完成这个句子。

   圈出**体型较长的**狗。

   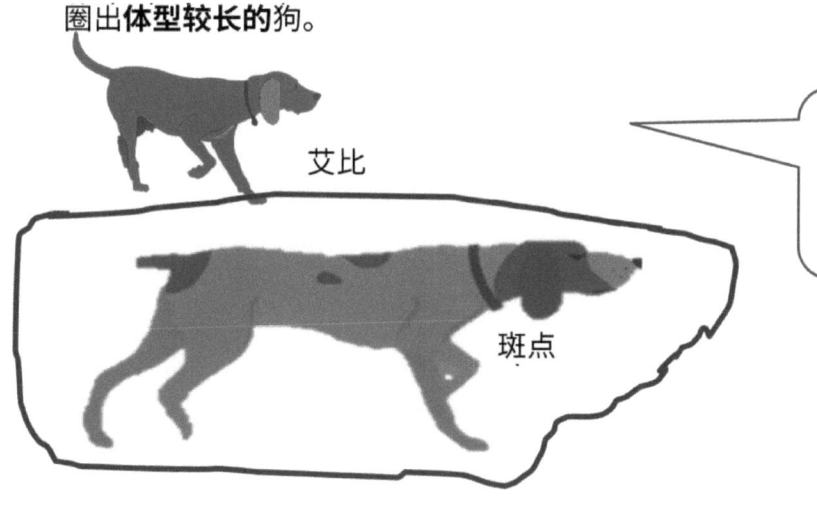

   我可以看到斑点更长一些,因为斑点和艾比的排列整齐,而且斑点比艾比伸出得更远。

   斑点 比艾 **长**。

2. 写出**长于**或者**短于**的词,使句子正确。

   瓶子的端点对齐。它们就像站在桌子上一样,很容易看到。胶水比较短!

   胶水瓶 **长于** 蕃茄酱瓶。

3.

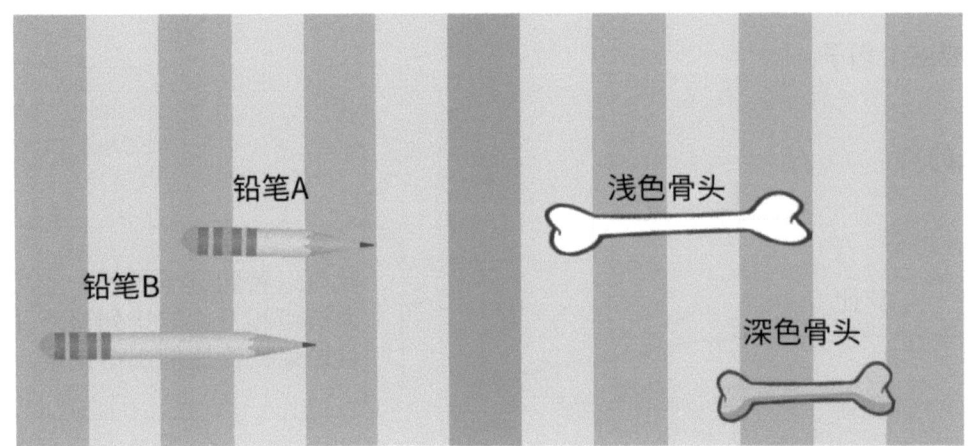

铅笔B**比**铅笔A长。

深色骨头**短于**浅色骨头。

圈选正确或错误。

骨白色的比铅笔A短。**对**或

4. 找3个学校用品。在此处按顺序绘制它们，从**最短**的到**最长**。标出每个学校用品。

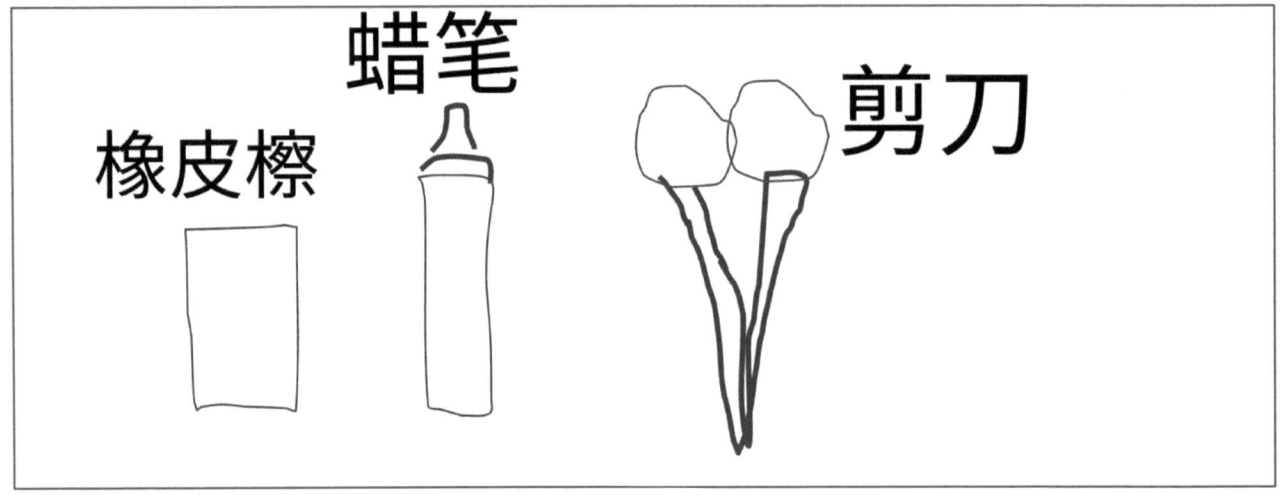

姓名 _____   日期 _____

按照指示。完成句子。

1. 圈出**体型更长的**兔子。

彼得

软盘

_____ 长于 _____.

2. 圈出较短的水果。

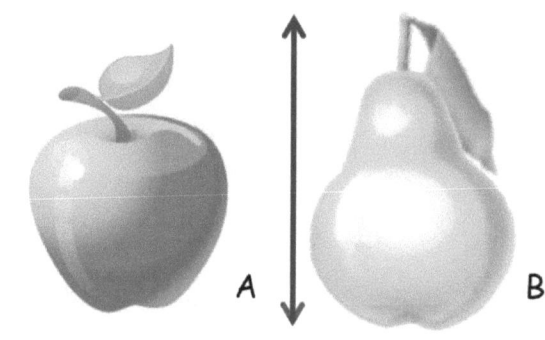

_____ 短于 _____.

写出**长于**或者**短于**的词，使句子正确。

3.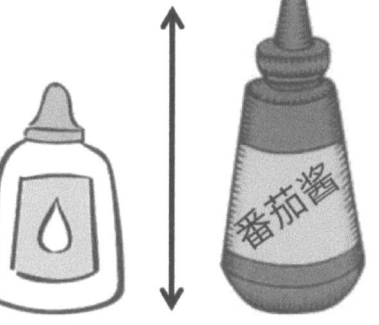

胶水

_____

番茄酱。

4.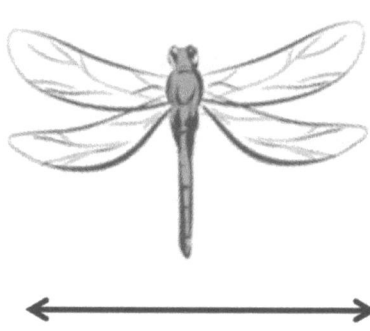

蜻蜓的翼展

_____

蝴蝶的翼展。

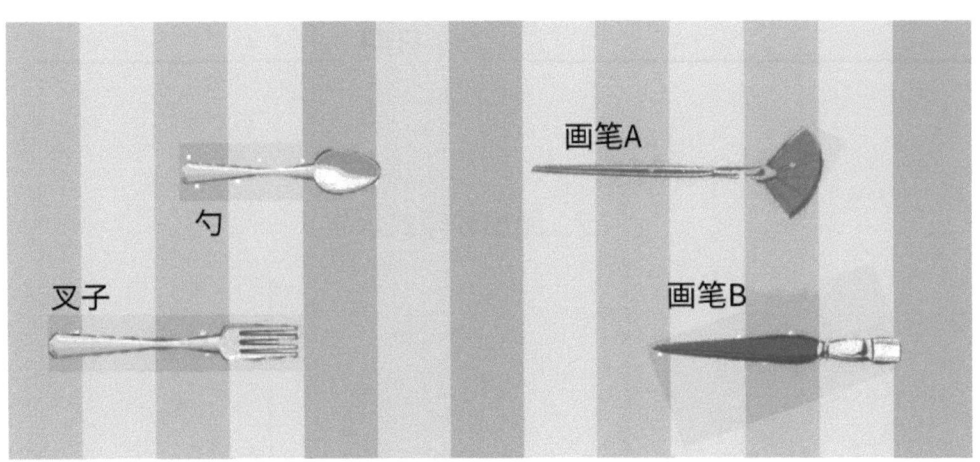

5. 画笔A _____ 画笔B。

6. 勺 _____ 叉子。

7. 圈选正确或错误。

   汤匙比画笔B短。**对**或**错**

---

8. 找出你房间的3个物品。在此处按顺序绘制它们，从最短的到最长。标出每个物品。

1. 使用老师提供的纸条测量每个图片。圈出您需要的单词，以使句子正确。然后，填写空白。

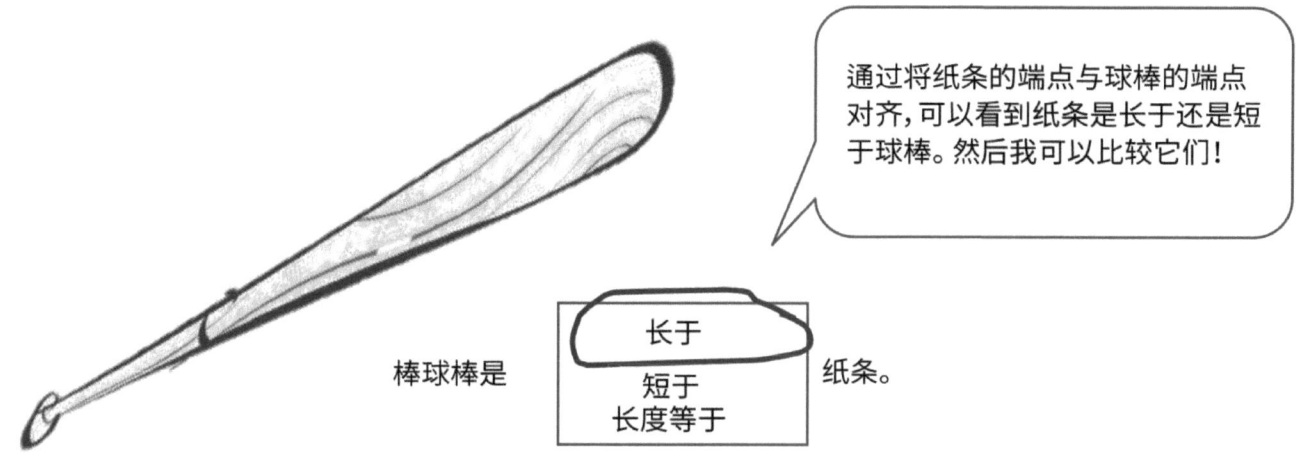

棒球棒是 （长于） 纸条。

这本书是 （短于） 纸条。

我知道棒球棒比纸条长，书比纸条短，所以棒球棒肯定比书长！

棒球棒 **长于** 这本书。

2. 使用**长于、短于、或者长度等于**来完成这个句子，以使句子正确。

管**长于**桶。

> 我用纸带测量。该管比纸长。桶比纸条短，所以我知道管子肯定比桶长。

使用习题1和2中的测量值。圈出使句子正确的单词。

3.   球棒比桶长 (短)。

> 如果球棒长于纸条，而桶短于纸条，则球棒长于桶！

4. 把这些物品从最短到最长排序：水桶，管子和纸条

    ____桶____   ____纸条____   ____管____

> 桶比纸条短，而纸条又比管短，所以桶最短，管最长。

5. 画一幅画，以帮助您完成测量报告。圈出使每个陈述正确的单词。

苏西比唐尼高。

杰森比苏西高。

唐尼（比 / 短于）杰森高。

首先，我画苏西和唐尼。然后我画杰森。由于唐尼比苏西矮，并且苏西比杰森矮，因此唐尼也比杰森矮！

姓名 _____ 日期 _____

使用老师提供的纸条测量每个**图片**。圈出您需要的单词，以使句子正确。然后，填写空白。

1.

圣代冰淇淋 | 长于 / 短于 / 长度等于 | **纸条。**

汤匙 | 长于 / 短于 / 长度等于 | **纸条。**

汤匙 _____ **圣代冰淇淋。**

2.

气球 _____ **蛋糕。**

3.

球比纸条短。

所以，**鞋子** _____ **球**。

使用习题1-3的测量值。圈出使句子正确的单词。

4. 汤匙（**长于/短于**）蛋糕。

5. 气球（**长于/短于**）圣代冰淇淋。

6. 鞋子（**长于/短于**）气球。

7. 将这些物品从最短到最长排序：

　　蛋糕，汤匙和纸条

_____　　　_____　　　_____

画一幅画，以帮助您完成测量报告。圈出使每个陈述正确的词。

8. 玛尼的头发比外斯丽的头发短。
   玛尼的头发比碧塔的头发长。
   碧塔的头发 (**长于/短于**) 外斯丽的头发。

9. 以略比布拉迪矮。
   辛其拉比以略矮。
   高于/矮于。

1. 测量从玩具屋到公园路径的绳子,比公园到商店的路径长。圈出比较短的路径。

如果绳子更长,那么路径也更长!

第3课： 使用间接比较把三个长度排序。

使用图片回答有关矩形的问题。

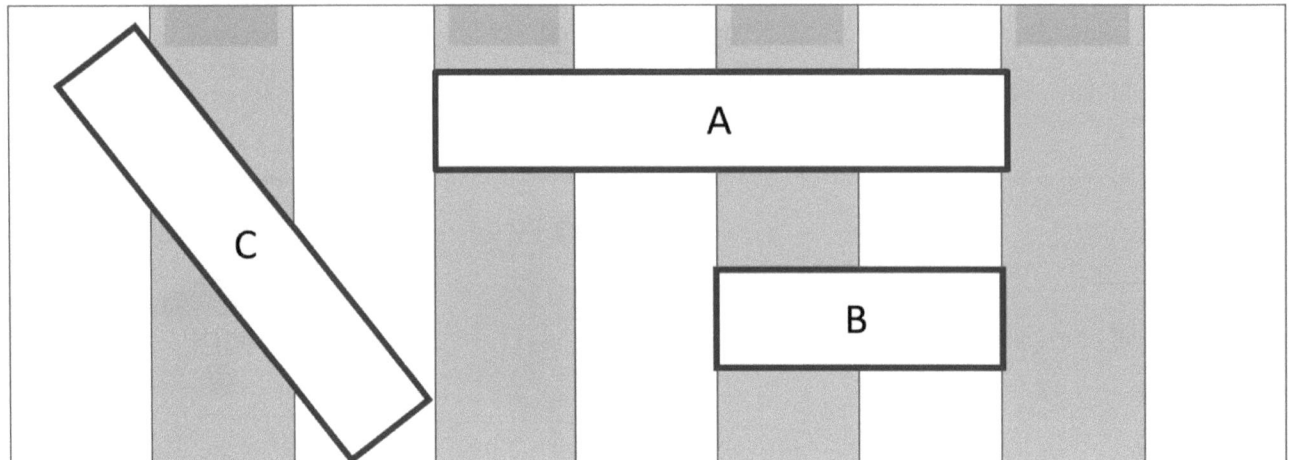

2. 哪个是最短的矩形？**矩形B**

3. 如果矩形A比矩形C长，最长的矩形是 **矩形A**

4. 从最短到最长把矩形排序：

   _____*B*_____   _____*C*_____   _____*A*_____

> 我可以看到矩形B最短，它说矩形A长于矩形C，因此顺序必须是B, C, A！

使用图片回答有关学生上学路径的问题。

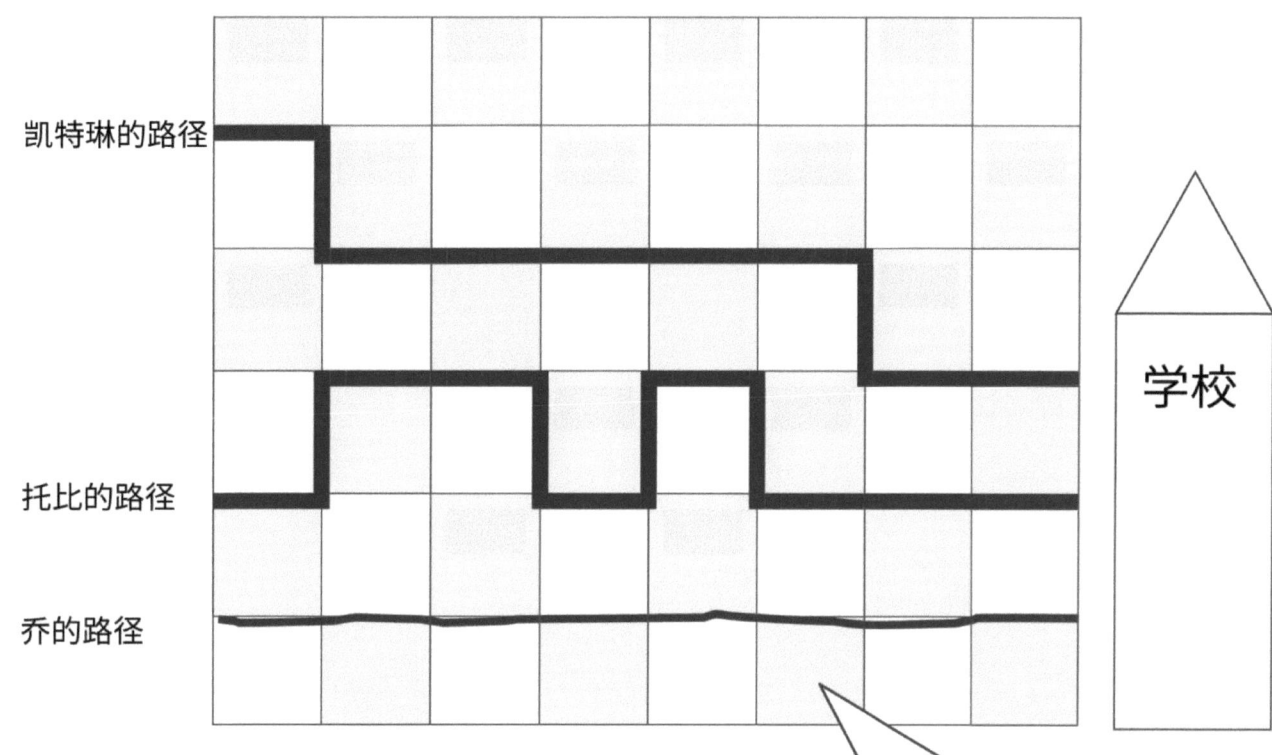

5. 凯特琳上学的路有多长? **10个**路口

6. 托比上学的路有多长? **12个**路口

7. 乔的路径比凯特琳的路径短。画出乔的路径。

> 凯特琳的路径是10个路口,因此乔的路径必须是9个路口或更少。我为乔的路线画了一条直线,这等于8个路口!

圈出使陈述正确的单词。

8. 托比的路径是**长于**/短于 比乔的路径。

9. 谁走了去学校最短(近)的路? **乔**

> 乔的路径最短。到学校只有8个路口,没有转弯。托比的路径是12个路口。12个街区比8个路口走路更长。

10. 排序路径,从最短到最长。

　　乔　　　　　　　　**凯特琳**　　　　　　　　**托比**

第3课: 使用间接比较把三个长度排序。

姓名 _____ 日期 _____

1. 测量从花园到那棵树的路径的绳子，比大树到花的路径长。圈出短一些的路径。

花园到树木

树木到花卉

花园

树木

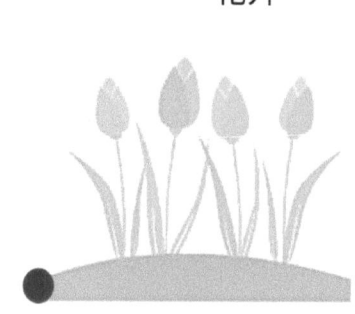
花卉

使用图片回答有关矩形的问题。

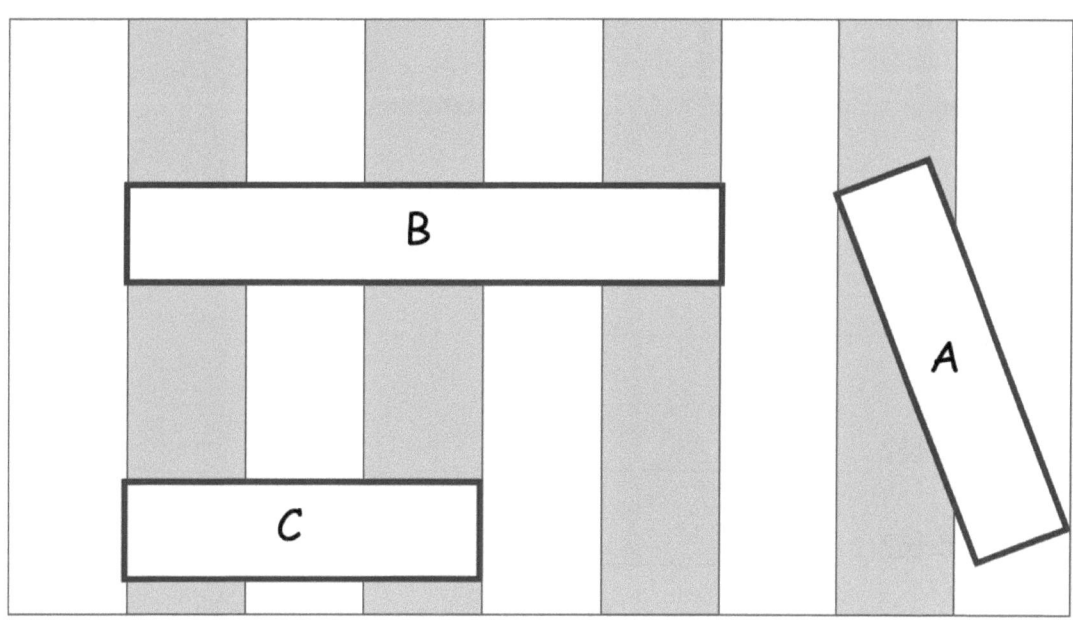

2. 哪个是最长的矩形？ _____

3. 如果矩形A比矩形C长，最短的矩形是 _____ 。

4. 从最短到最长把矩形排序。

   _____ _____ _____

使用图片回答有关学生到海滩路径的问题。

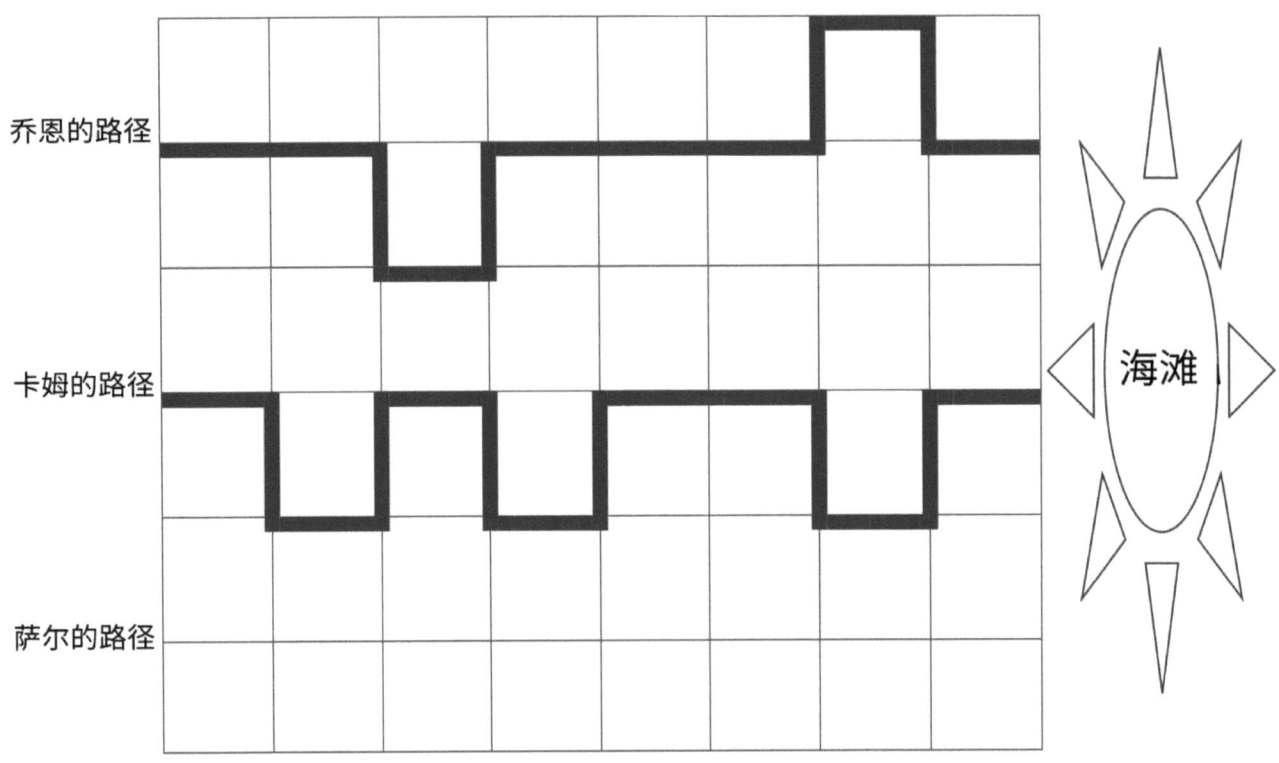

5. 乔恩到海滩的路径有多长？_____ 路口

6. 卡姆到海滩的路径有多长？_____ 路口

7. 乔恩的路径比萨尔的路径长。画出萨尔的路径。

圈出使陈述正确的单词。

8. 卡姆的路径**长于/短于**萨尔的路径。

9. 谁去海滩的路径最短？ _____

10. 排序路径，从最短到最长。

   _____   _____   _____

使用你的方块测量此图片的长度。完成下面的陈述句。

1. 铅笔长度是 **3** 厘米长的立方块。

   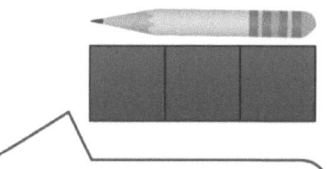

   我可以用厘米立方块来测量铅笔。我必须对齐端点,并确保每个立方块之间没有空隙。

   我从铅笔的笔尖开始,并使用足够的立方块一直排列到橡皮擦。

2. 圈出显示正确测量方式的图片。

   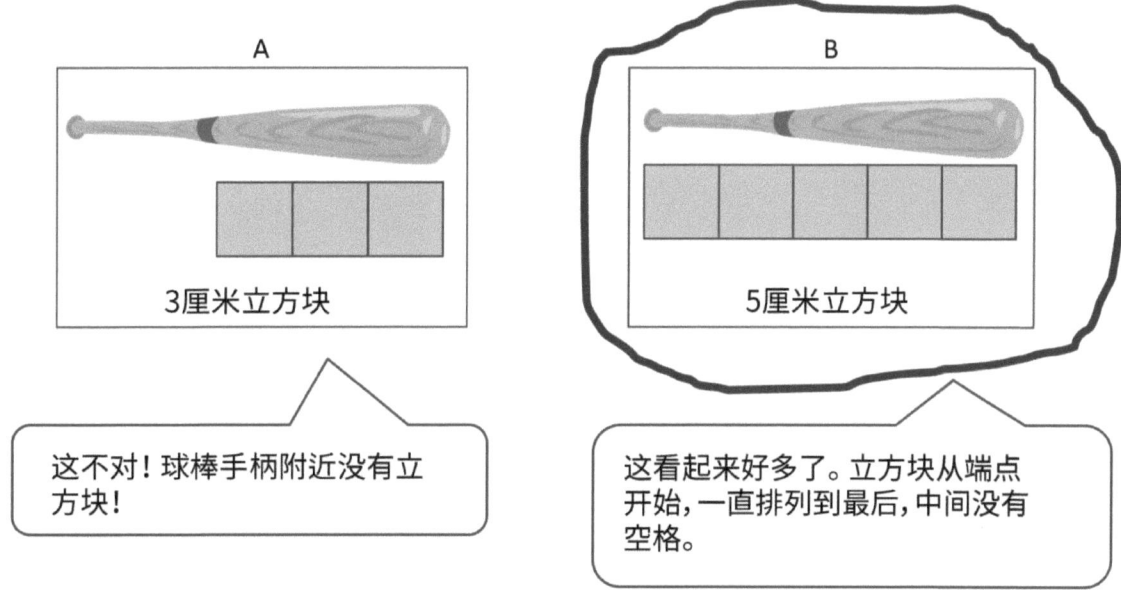

   这不对!球棒手柄附近没有立方块!

   这看起来好多了。立方块从端点开始,一直排列到最后,中间没有空格。

3. 解释你没有圈出的图片中为什么测量方式不对。

   显示测量值是3个方块的图片是错的,因为方块没有一直沿着球棒测量。方块没有从末端开始或没有在末端结束。没有足够的方块。

姓名 _____ 日期 _____

用方块测量每张照片的长度。完成下面的陈述句。

1. 棒棒糖是 _____ 厘米方块长。

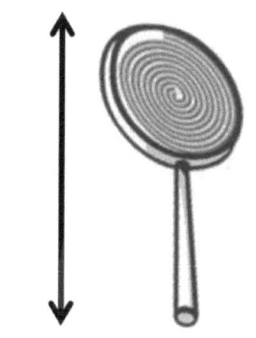

2. 邮票是 _____ 厘米方块长。

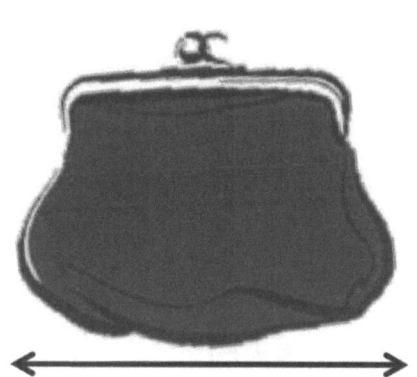

3. 钱包是 _____ 厘米方块长。

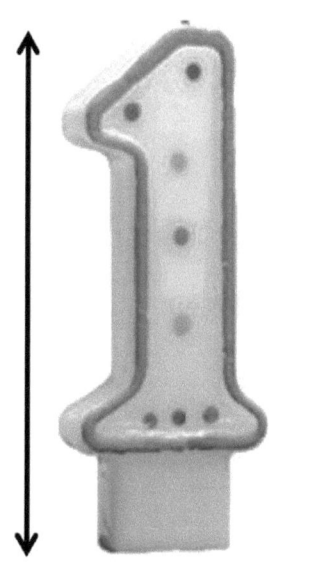

4. 蜡烛是 _____ 厘米方块长。

5. 弓是 _____ 厘米方块长。

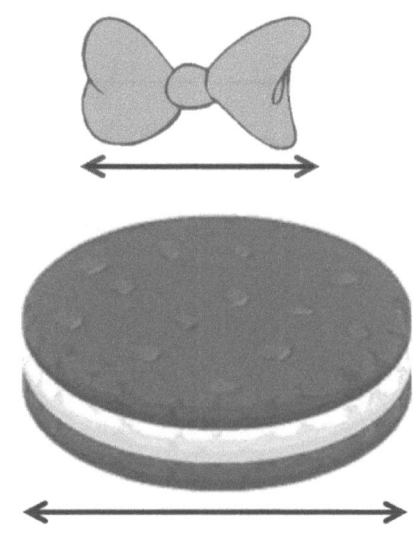

6. 饼干是 _____ 厘米方块长。

7. 杯子是 _____ 厘米方块长。

8. 番茄酱大约 _____ 厘米方块长。

9. 信封大约 _____ 厘米方块长。

10. 圈出显示正确测量方式的图片。

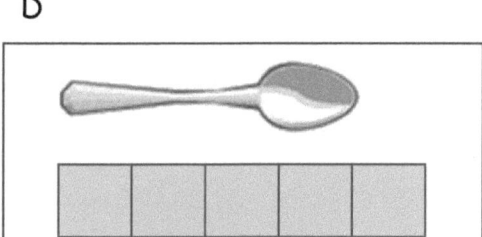

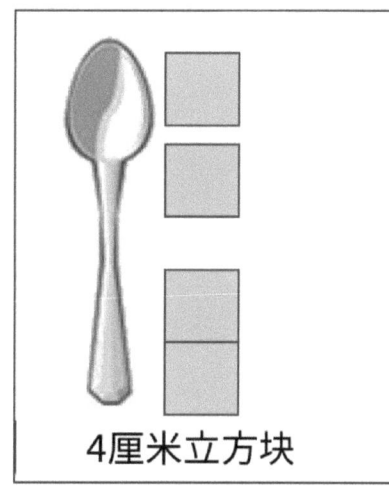

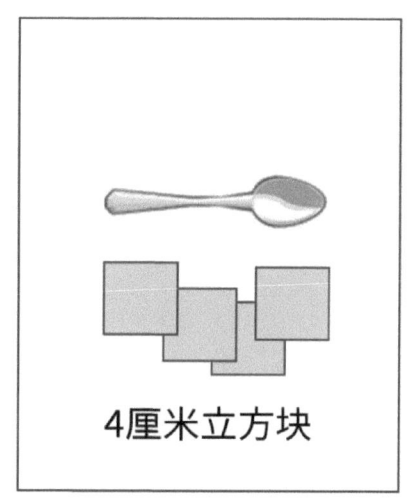

11. 解释你没有圈出的图片中为什么测量方式不对。

_____

_____

_____

1. 使用厘米方块测量下面的图片。完成句子。

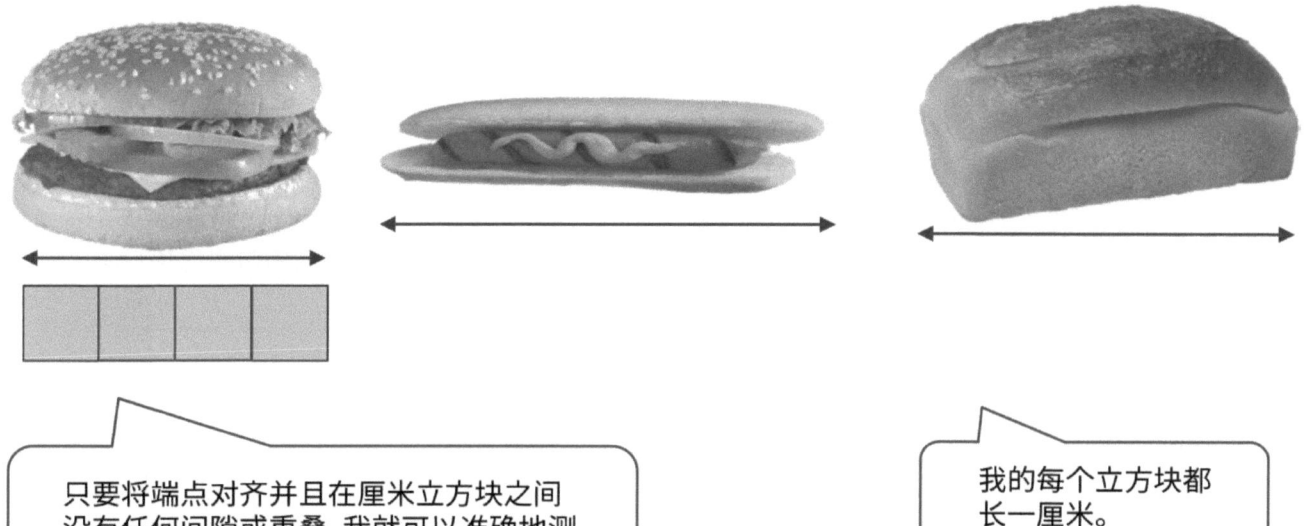

只要将端点对齐并且在厘米立方块之间没有任何间隙或重叠,我就可以准确地测量这些图片。

我的每个立方块都长一厘米。

a. 汉堡图片 <u>4</u> 厘米长。

b. 热狗图片 <u>6</u> 厘米长。

c. 面包的图片长 <u>5</u> 厘米。

面包图片测得5厘米立方块:长。这使其长度等于5厘米。

2. 使用图片的测量值,从最长到最短排序汉堡图片、热狗图片和面包图片。你可以使用图画或名字来排序这些图片。

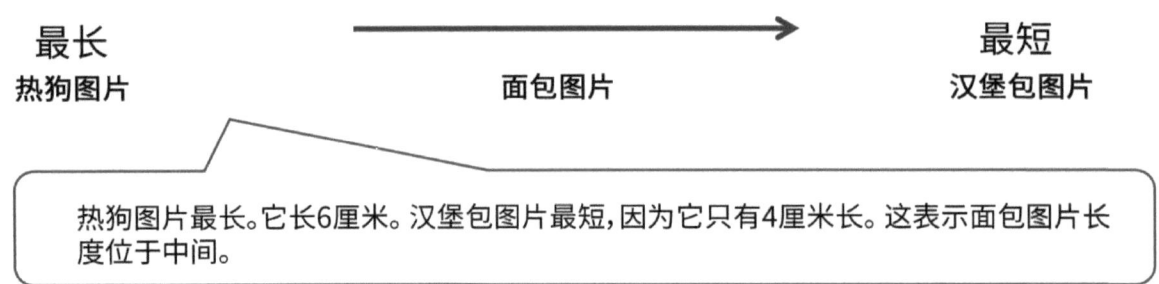

热狗图片最长。它长6厘米。汉堡包图片最短,因为它只有4厘米长。这表示面包图片长度位于中间。

3. 填空使陈述成立。(可能有多于一个正确答案。)

   a. 热狗图片长于 __面包__ 图片。

   b. 面包图片长于 __汉堡__ 图片,短于 __热狗__ 图片。

   c. 如果加上香蕉图片,它长于面包图片,那么它也长于以下哪个其他图片? __汉堡__

姓名 _____   日期 _____

1. 贾斯汀收集贴纸。使用厘米方块测量贾斯汀的贴纸。完成以下有关贾斯汀贴纸的句子。

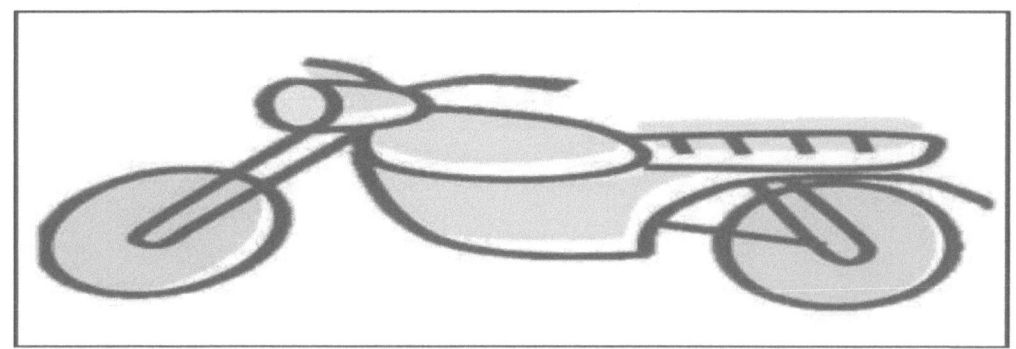

a. 摩托贴纸 _____ 厘米长。

b. 汽车贴纸 _____ 厘米长。

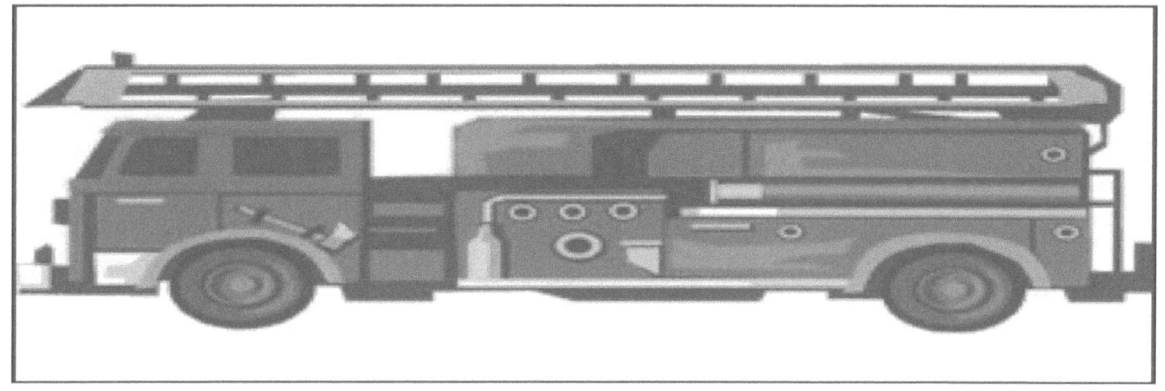

c. 消防车贴纸 _____ 厘米长。

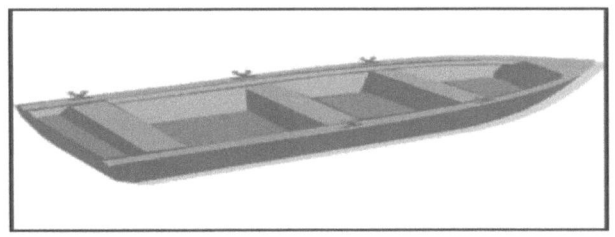

d. 划船贴纸 _____ 厘米长。

e. 飞机贴纸 _____ 厘米长。

2. 使用贴纸测量值，把**消防车**、**划船**和**飞机**的贴纸排序，从最长到最短。你可以使用图画或名字来排序这些贴纸。

最长　　　　　　　　━━━━━━━━━━▶　　　　　　　　最短

单位的故事　　　　　　　　　　　　　　　　　　　　　　　第5课家庭作业　1•3

3. 填空使陈述成立。（可能有多于一个正确答案。）

   a. 飞机贴纸长于 _____ 贴纸。

   b. 划船贴纸长于 _____ 贴纸，短于 _____ 贴纸。

   c. 摩托贴纸短于 _____ 贴纸，长于 _____ 贴纸。

   d. 如果贾斯汀得到一个新贴纸，它长于划船，那么它也长于其它哪

      个贴纸？_____

1. 通过在各行上写出虫子名称，从长到短对虫子进行排序。使用厘米立方块检查您的答案。在图片右边的空格中写下每个虫子的长度。

   从最长到最短的虫子是

   ___毛毛虫___   ___蜻蜓___   ___蜜蜂___

   蜻蜓

   ___5___ 厘米

   毛毛虫

   > 毛毛虫是最长的虫子。毛毛虫长7厘米！

   ___7___ 厘米

   蜜蜂

   > 蜜蜂是最短的虫子。蜜蜂只有4厘米长！

   ___4___ 厘米

第6课： 排序，测量并比较用厘米立方块测量之前和之后的物品长度，求解比较差异未知数问题。

2. 使用所有虫子的测量值来完成句子。

   a. 苍蝇长于 **蜜蜂** ,短于 **毛毛虫** 。

   b. **蜜蜂** 是最短的虫子。

   c. 如果加上另一个虫子,它短于蜜蜂,那么请列出这个新虫子也短于的虫子。

   新的虫子会比苍蝇和毛毛虫短。

   > 蜜蜂是最短的虫子,因此,如果一个虫子比蜜蜂短,那么它也比所有其他虫子都短。

3. 塔尼亚做的立方体塔比文斯的塔高3厘米。如果文斯的塔高9厘米,塔尼亚的塔有多高?

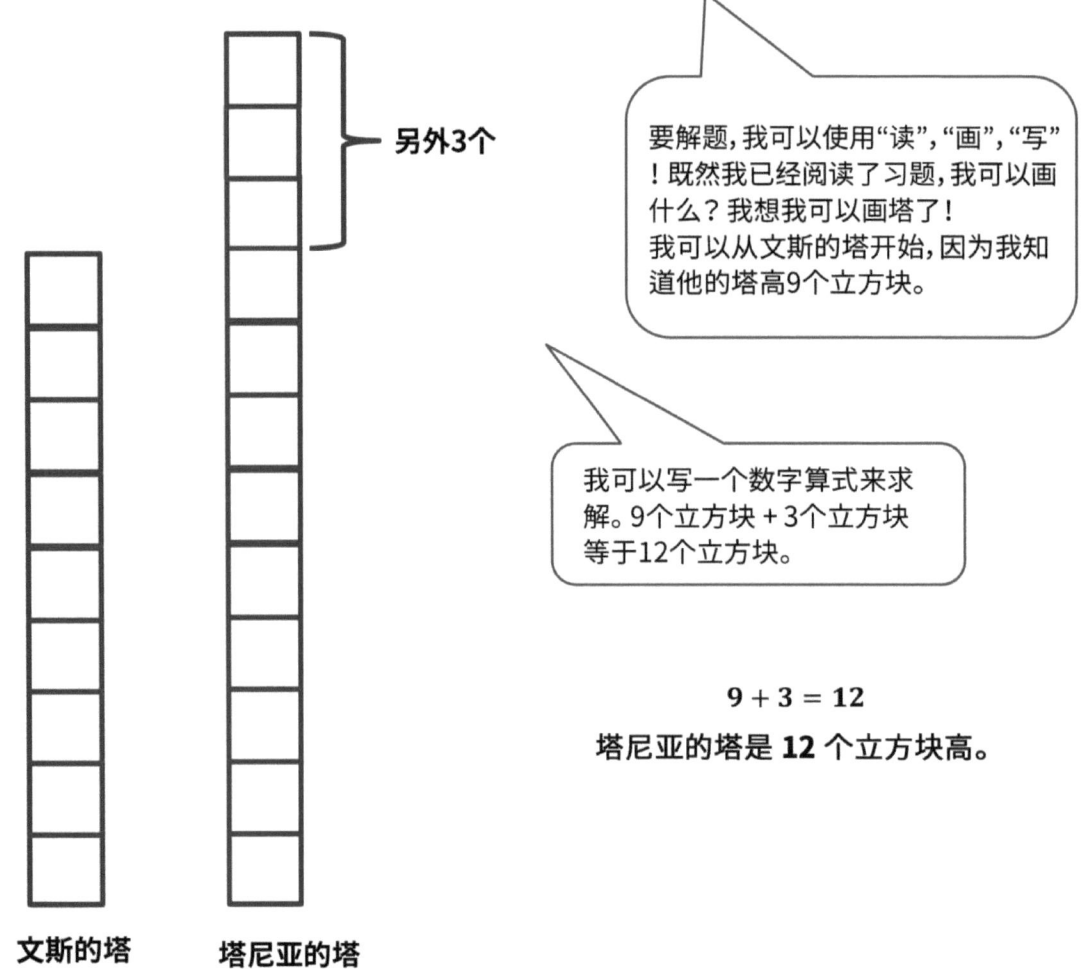

> 要解题,我可以使用"读","画","写"!既然我已经阅读了习题,我可以画什么?我想我可以画塔了!
> 我可以从文斯的塔开始,因为我知道他的塔高9个立方块。

> 我可以写一个数字算式来求解。9个立方块 + 3个立方块等于12个立方块。

$9 + 3 = 12$

塔尼亚的塔是 **12** 个立方块高。

姓名 _____ 日期 _____

1. 娜塔莎的老师让她把鱼从最长到最短排序。用老师给你的厘米方块测量每条鱼。

A

_____ 厘米

B

_____ 厘米

C

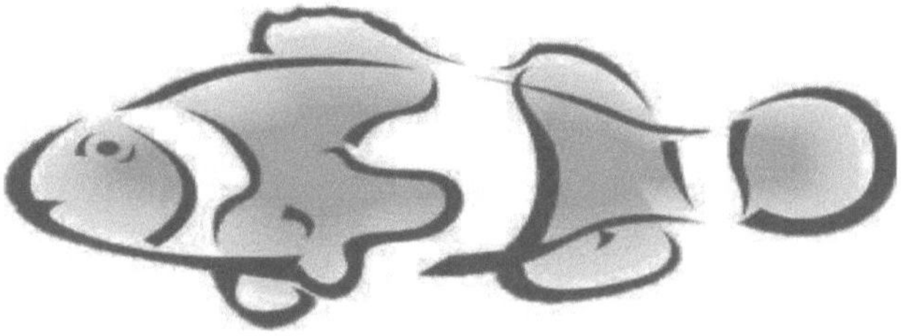

_____ 厘米

D

_____ 厘米

E

_____ 厘米

2. 把A、B、C三条鱼排序，从最长到最短。

_____ _____ _____

3. 使用所有鱼的测量值来完成句子。

   a. 鱼A长于鱼_____，短于鱼_____

   b. 鱼C短于鱼_____，长于鱼_____

   c. 鱼_____是最短的鱼。

   d. 如果娜塔莎得到一条新鱼，它短于鱼A，列出新鱼也短于的鱼。

使用厘米立方块来模拟每个长度，然后回答问题。

4. 亨利得到一个19厘米长的新铅笔。他削了几次铅笔。如果铅笔现在是9厘米长，现在的铅笔比新铅笔短多少？

5. 马利克和杰勒都在公园找到一个贴纸。马利克发现的贴纸11厘米长。杰勒发现的贴纸17厘米长。杰勒的贴纸长出来多少？

单位的故事　　第7课家庭作业助手　1•3

使用大曲别针（包括在家庭作业纸里）测量物体，然后再次用小曲别针（包括在家庭作业里）测量。

把你的测量值填写在纸背面的表格里。

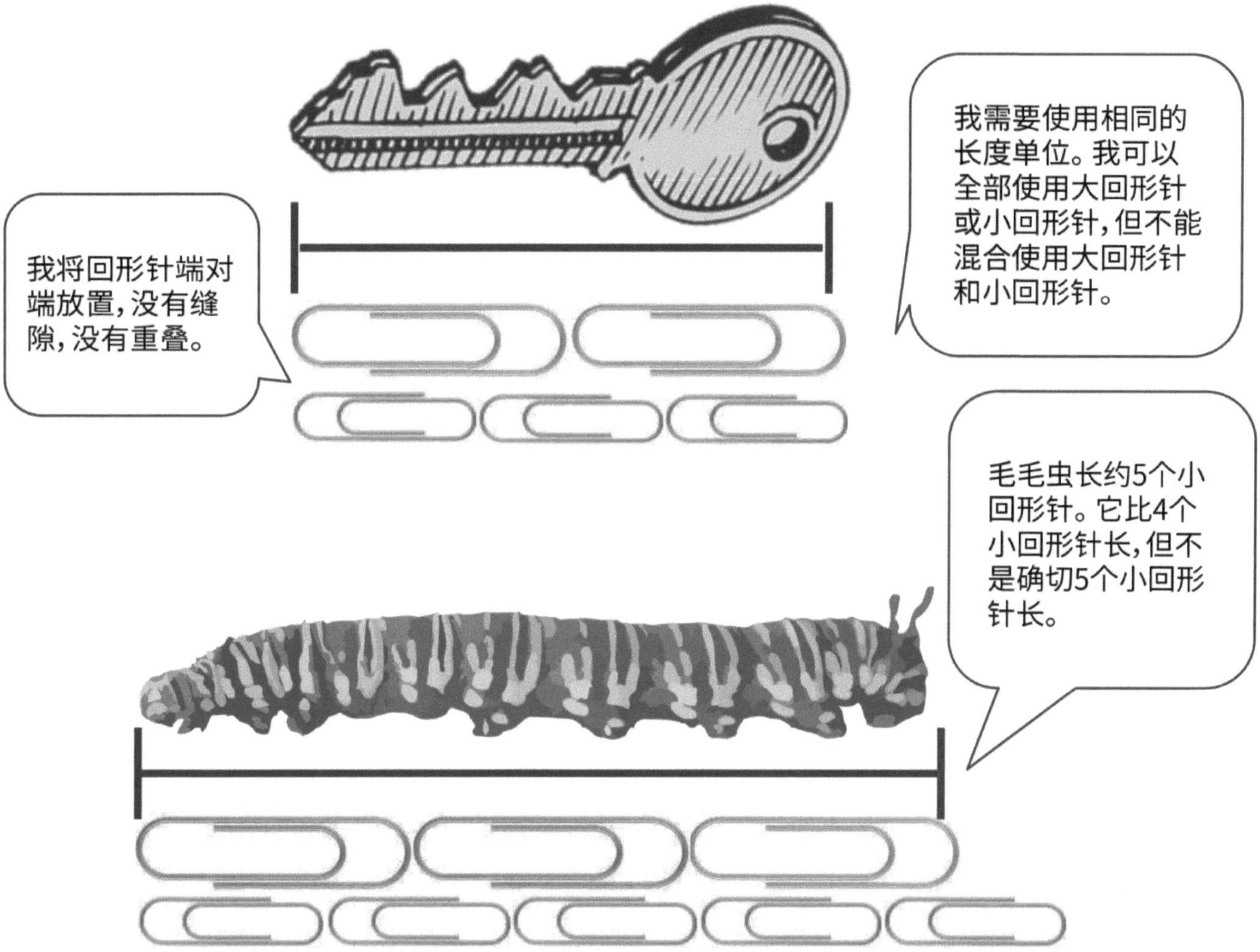

我将回形针端对端放置，没有缝隙，没有重叠。

我需要使用相同的长度单位。我可以全部使用大回形针或小回形针，但不能混合使用大回形针和小回形针。

毛毛虫长约5个小回形针。它比4个小回形针长，但不是确切5个小回形针长。

第7课：　使用不同非标准单位同时测量主题B中的同一物品，发现使用同一单位进行测量的必要性。

物品名称	大回形针的长度	小回形针的长度
a. 钥匙	2	3
b. 毛毛虫	3	5

> 我知道小回形针的长度会是一个更大的数字。长度单位越小，测量值越大！

大曲别针

小曲别针

第7课家庭作业

姓名 _____ **日期** _____

剪下曲别针 使用右侧的**大**曲别针测量每个物体的长度。然后，使用背面的**小**曲别针测量长度。

1. 把你的测量值填写在纸背面的表格里。

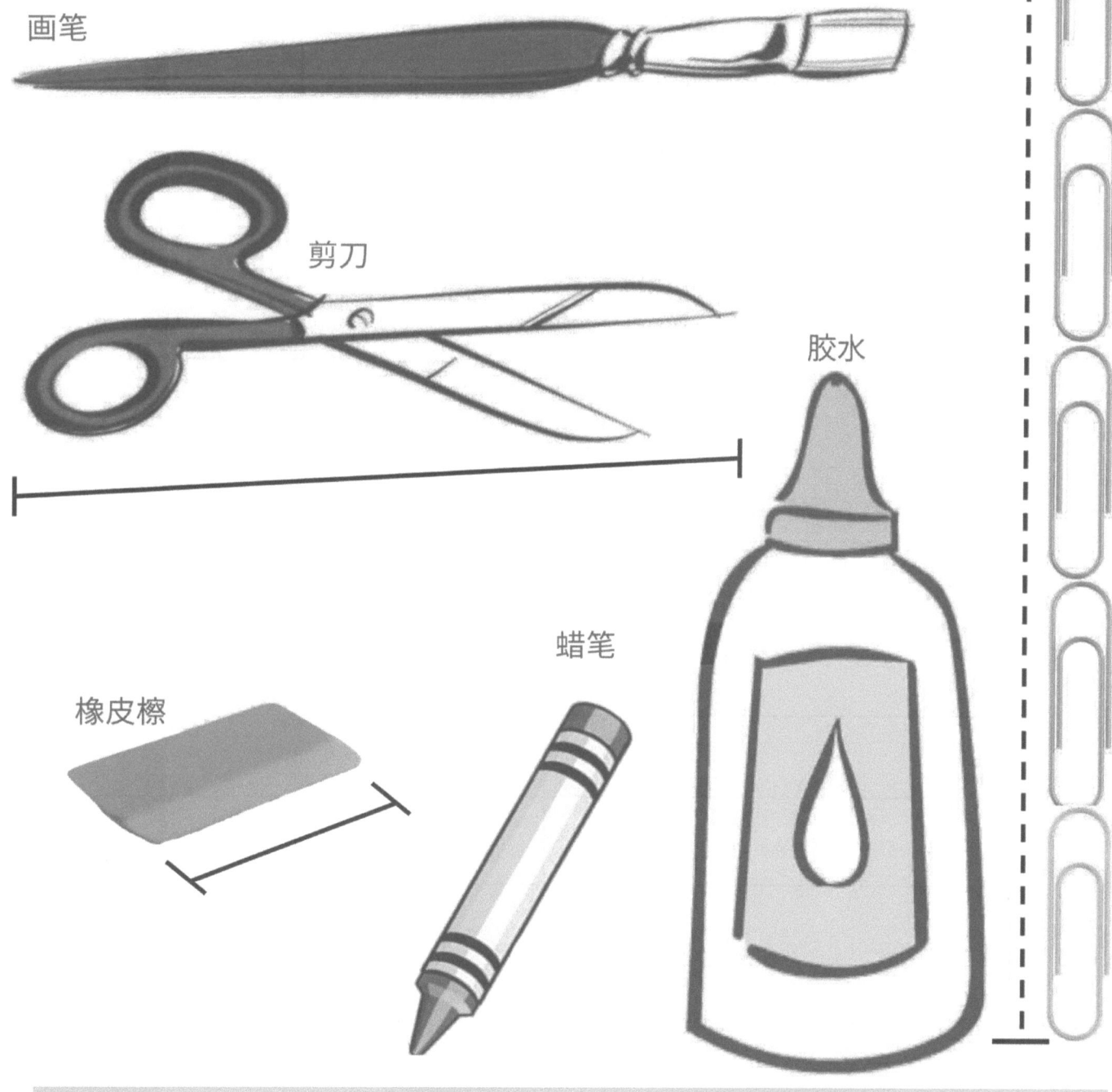

物品名称	用大曲别针测量的长度	用小曲别针测量的长度
a. 画笔		
b. 剪刀		
c. 橡皮擦		
d. 蜡笔		
e. 胶棒		

2. 在你家里周围找到物体测量。在表格上记录你发现的物体和它们的测量值。

物品名称	用大曲别针测量的长度	用小曲别针测量的长度
a.		
b.		
c.		
d.		
e.		

1. 圈出将用于测量的长度单位。对所有的物体使用相同的长度单位。

   小回形针　　　　　　　　　大回形针　　　　　厘米立方块

   牙签

测量表格上列出的每个物品，并记录测量值。添加教室中其他物品的名称，并记录其测量值。

教室物品	测量值
a. 胶棒	8个厘米立方块
b. 干擦记号笔	12个厘米立方块
c. 未削铅笔	19个厘米立方块
d. 新蜡笔	9个厘米立方块

2. 你是否记的在数字之后添加长度单位的名称 是

   我必须说厘米立方块。如果不说，也许有人会认为我在使用其他种类的立方块进行测量！

第8课： 了解当与其他的比较测量值时使用相同单位的必要性。

3. 从表格中选3个物体。列出你的物品，从最长到最短。

   a. ____未削铅笔____

   b. ____干擦记号笔____

   c. ____胶棒____

   > 我从最长的物品开始测量，即未削尖的铅笔。然后我写了最短的胶棒。然后，我将干擦马克笔放在中间，因为它比未削尖的铅笔短，但比胶棒长。

单位的故事　　　　　　　　　　　　　　　　　　　　　　　　　　　　第8课家庭作业　1·3

姓名 _____　　日期 _____

圈出将用于测量的长度单位。对所有的物体使用相同的长度单位。

小回形针　　　　　　　　　**大回形针**

牙签　　　　　　　　　　　**厘米立方块**

1. 测量表格上列出的每个物品，并记录测量值。添加你家里其他物品的名称，并记录其测量值。

家内物品	测量值
a. 叉子	
b. 照片框	
c. 平底锅	
d. 鞋子	

第8课：　　了解当与其他的比较测量值时使用相同单位的必要性。

家内物品	测量值
e. 毛绒玩具	
f.	
g.	

你是否记的在数字后加上长度单位？ 是 否

2. 从表格中选3个物品。列出你的物品，从最长到最短。

   a. _____

   b. _____

   c. _____

1. 看下面的图片。吉他A比吉他B长多少呢？

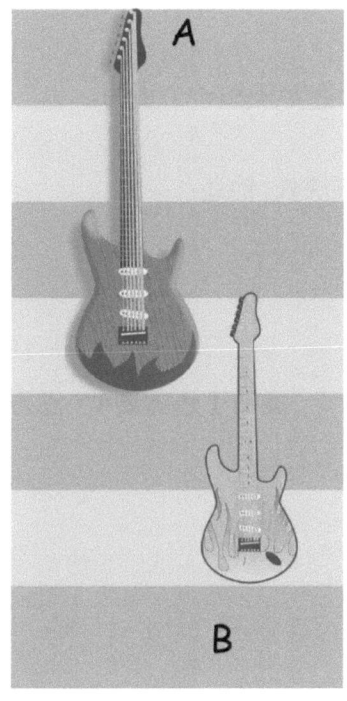

吉他A是1个单位**长于**吉他B。

吉他A长4个单位。吉他B长3个单位。4-3 = 1，因此吉他A长了1个单位。

2. 用厘米立方块测量每个物体。

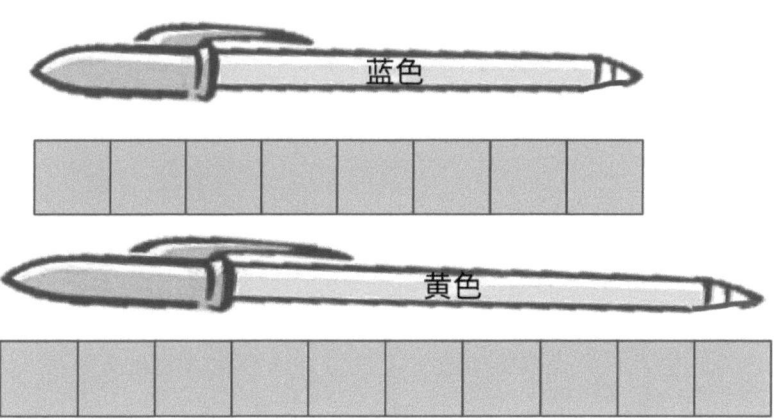

蓝色笔 **8厘米方块长** 。

黄色笔 **10厘米方块长** 。

第9课： 回答关于两个不同物体的长度（以厘米为单位）的差异未知数的比较问题。

3. 黄笔比蓝笔**长**多少呢?

   黄笔比蓝笔长 _2_ 厘米。

使用厘米立方块来模拟问题。然后,通过画一张模型图来解决,并写一个数字句子和一个语句。

4. 奥斯汀想做一个13厘米立方块长的火车。如果他的火车已经9厘米立方块长,他还需要多少个立方块呢?

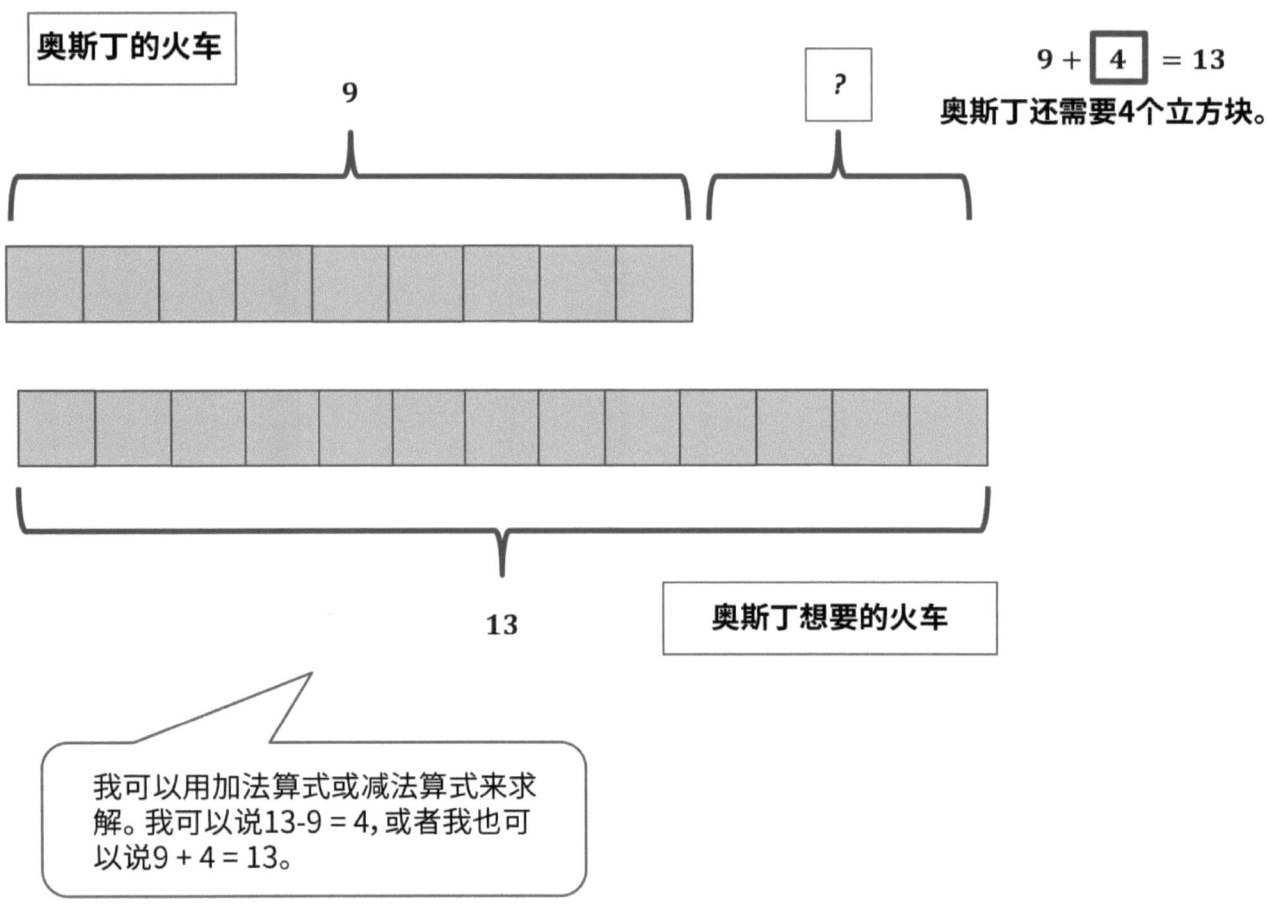

我可以用加法算式或减法算式来求解。我可以说13-9 = 4, 或者我也可以说9 + 4 = 13。

姓名 _____ 日期 _____

1. 看下面的图片。奖杯A比奖杯B短多少？

奖杯A比奖杯B短 _____ 单位。

2. 用厘米立方块测量每个物体。

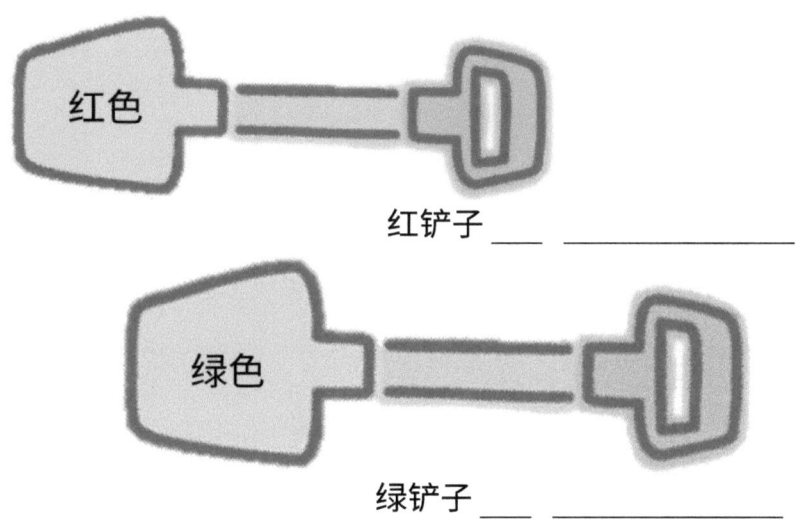

红铲子 ___ _____

绿铲子 ___ _____

3. 绿铲子比红铲子**长**多少？

绿铲子比红铲子长 _____ 厘米。

使用厘米立方体来模拟每个问题。然后，通过画一张模型图来解决，并写一个数字句子和一个语句。

4. 苏长高了15厘米，泰勒长高了11厘米。苏比泰勒长高了**多少**？

5. 鲍勃的吸管长13厘米。如果汤姆的吸管6厘米长，汤姆的吸管比鲍勃的吸管**短多少**？

6. 一张紫色卡片长8厘米。一张红色卡片长12厘米。红色卡片比紫色卡片**长多少?**

7. 卡尔的豆苗长到了9厘米高。丹的豆苗长到了14厘米高。丹的植物比卡尔的植物**高多少?**

询问学生他们喜欢的水果类型。使用下面的数据回答这些问题。

冰淇淋口味	计数标记	选票
苹果	‖	2
草莓	‖‖	4
香蕉	卌 ‖‖	8

1. 写入选水果的学生的数量来填写表格中的空白。

2. 有多少学生选择了苹果是他们最喜欢的水果?
   __2个__ 学生

3. 最喜欢苹果或草莓的学生总数是多少?
   __6个__ 学生

   > 我可以相加2 + 4来求解,因为有2个学生喜欢苹果,4个学生喜欢草莓。

4. 哪种水果收到最少的投票? __苹果__

   > 通过查看计数标记,很容易看到投票赞成苹果的人数最少。

5. 最喜欢香蕉和苹果的学生总数是多少?
   __10个__ 学生

6. 总计12个学生最喜欢的两种水果是什么?

   ____草莓____ 和 ____香蕉____

   > 我必须考虑哪两个数字可以得出12。有2、4和8。4 + 8 = 12,这表示12个学生喜欢草莓和香蕉。

7. 写一个加法句子,显示多少学生选了他们最喜欢的水果。
   _____2 + 4 + 8 = 14_____

第10课: 收集、分类和组织数据;然后询问并回答有关数据点数量的问题。

8. 要求一群人说出他们最喜欢的颜色。使用计数标记整理数据,并回答问题。

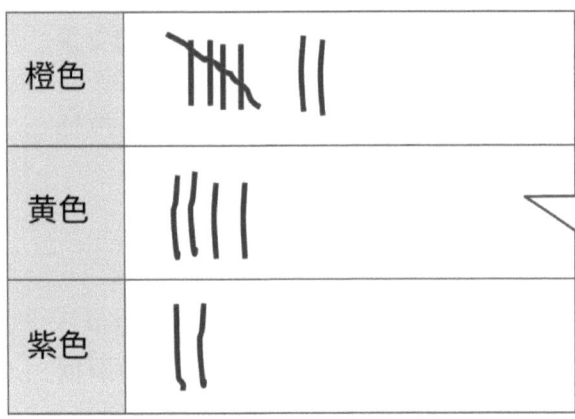

> 我可以数一数票数并进行统计。它比课堂上的要难一些,因为我看不到我数了哪些,因此我在计数时就将它们划掉了。

9. 哪种颜色收到的选票数最少? __紫色__

10. 喜欢黄色的比喜欢紫色的多多少人?
    __2个__ 学生

> 我可以看到黄色比紫色多2个计数。

11. 最喜欢橙色和紫色的人数合计是多少?
    __9个__ 学生

> 7个学生喜欢橙色,4个学生喜欢黄色。7 + 4 = 11。

12. 合计11人选的哪2种颜色?
    __橙色__ 和 __黄色__

13. 写一个加法句子,显示多少人选了他们最喜欢的颜色。
    __7 + 4 + 2 = 13__

姓名 _____ 日期 _____

询问学生他们最喜欢的冰淇淋口味。使用下面的数据回答这些问题。

冰淇淋口味	计数标记	选票
巧克力	IIII	
草莓	III	
小饼	卌 卌	

1. 通过写入选择喜欢口味的学生数来填写表格中的空白。

2. 有多少学生选择了小饼是他们的**最爱**？
   _____ 个学生

3. **最喜欢巧克力或草莓的学生合计数是多少？**
   _____ 个学生

4. 哪种口味收到**最少的**投票？_____

5. **最喜欢小饼和巧克力的学生合计多少人？**
   _____ 个学生

6. **合计**7人喜欢的是哪两种口味？
   _____ 和 _____

7. 写一个加法算式，显示多少学生选了他们最喜欢的冰淇淋口味。
   _____

学生选了他们最喜欢读的东西。使用计数标记整理数据,并回答问题。

漫画书	杂志	章节书	漫画书	杂志
章节书	漫画书	漫画书	章节书	章节书
章节书	章节书	杂志	杂志	杂志

学生最喜欢读什么内容?	学生人数
漫画书	
杂志	
章节书	

8. 多少学生最喜欢读章节书? _____ 个学生

9. 哪种物品收到**最少的**投票? _____

10. 喜欢读章节书的比喜欢读杂志的学生多多少?
    _____ 个学生

11. 喜欢读杂志或喜欢读章节书的学生合计是多少?
    _____ 个学生

12. 合计9个学生喜欢多哪两种物品?

    _____ 和 _____

13. 写一个加法算式,显示多少学生投票了。

    _____

收集有关你居住街区的信息。使用计数标记或数字来组织以下表格中的数据。

有多少 **砖房子** 在你们的街道？	有多少 **两层楼/房子** 在你们的街道？	有多少 **一层的房子** 在你们的街道？	有多少 **草坪** 在你们的街道？	有多少 **带车库的房子** 在你们的街道？
||	||||	𝍧 ||	𝍧 ||||	𝍧 |

- 完成疑问句框，以询问有关您的数据的问题。
- 回答你自己的问题。

> 可以很容易地看出，大多数房屋都有草坪，因为有很多计数！

1. 那里有多少 __草坪__？（选择有**最多的**类别） __9__

2. 那里有多少 __砖房__？（选择数量**最少**的类别） __2__

3. **合计**，那里有多少砖房或有车库的房子？ __8__

4. 使用你收集的数据写出并回答另两个问题。

   a. __一层的房子多，还是两层的房子多？一层的房子多。__

   b. __合计，那里共有多少一层的房子或两层的房子？9座__

员工们选他们最喜欢的办公室厨房小吃。每个员工只能选一项。根据表格中的数据回答问题。

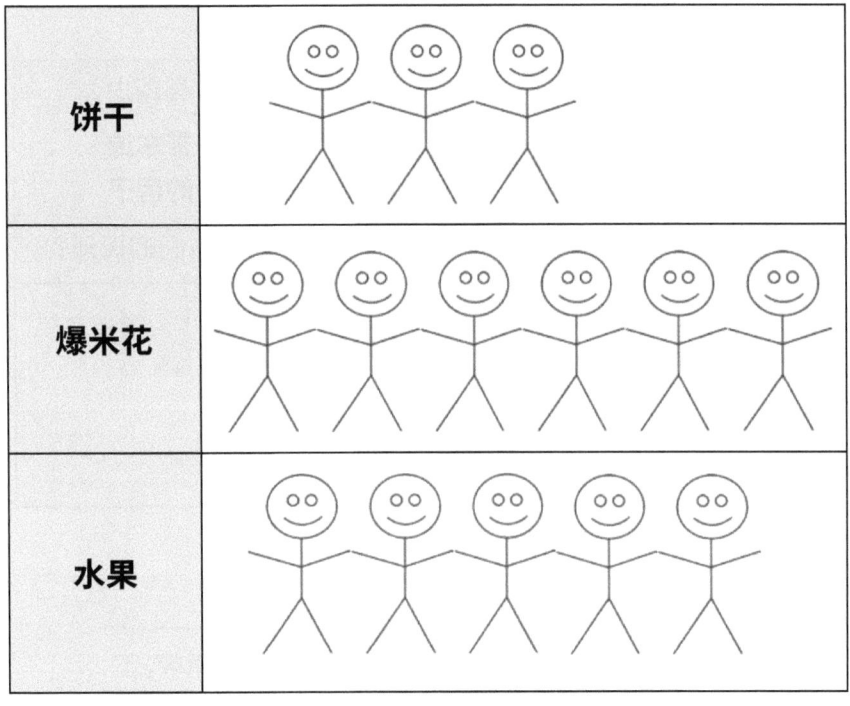

5. 多少员工选择了爆米花？ __6个__ 员工

6. 多少员工选择了水果或饼干？
   __8个__ 员工

> 3名工人选择了饼干，5名选择了水果。3 + 5 = 8，所以8个工人选择了水果或饼干。

7. 从这个数据，你能否说出这个办公室有多少员工？解释你的想法。

   我想办公室里一定有14人，因为我数了每个投票的人。但是可能有更多，因为如果有人那天没来或就是没投票呢？

> 我知道3 + 6 = 9，然后还有5个。9 + 1 = 10，然后再加上4，得到14。

单位的故事　　　　　　　　　　　　　　　　　　　　　　　　第11课家庭作业　1●3

姓名 _____　　日期 _____

收集你自己的东西的信息。使用计数标记或数字来组织以下表格中的数据。

你家里有多少**宠物**?	你家里有多少**牙刷**?	你家里有多少**枕头**?	你家里有多少**瓶番茄酱**?	你家里有多少**相框**?

- 完成疑问句框，以询问有关您的数据的问题。
- 回答你自己的问题。

1. 你有多少个 _____ ?（选项你**最多的**物品）

2. 你有多少个 _____ ?（选择数量**最少的**物品）

3. **合计，**你有多少相框和枕头？

4. 使用你收集的数据写出并回答另两个问题。

    a. _____?

    b. _____?

第11课：　　收集、分类和组织数据；然后询问并回答有关数据点数量的问题。　　341

学生们选出他们最想去的博物馆类型。每个学生只能选一个。根据表格中的数据回答问题。

科学博物馆	😊😊😊😊😊😊
艺术博物馆	😊😊😊😊😊😊😊
历史博物馆	😊😊😊😊😊😊

5. 多少学生选了艺术博物馆？ _____ 个学生

6. 多少学生选了艺术博物馆或科学博物馆？
_____ 个学生

7. 从这个数据，你能够说出班里有多少学生？解释你的想法。

单位的故事 第12课家庭作业助手 1•3

这个班有20个学生。10个学生骑自行车来学校，7个学生坐公共汽车，3个学生坐小车。使用方块，无缝隙无重叠地组织数据。小心排好你的方格。

学生如何上学　　　　　学生人数　　　　□ 代表1个学生

自行车	□□□□□□□□□□
公交车	□□□□□□□
汽车	□□□

我仔细地将我的正方形对齐，它们之间没有间隙且没有重叠。我从同一个端点开始。

我可以看一下骑自行车的学生人数和坐公交车的学生人数。我可以算出还有多少学生骑自行车。1, 2, 3 名学生！

1. 骑自行车比坐公共汽车的学生多几个？**3**名学生

2. 写一个数字算式，告诉他们有多少学生被问到他们如何上学。
   $10 + 7 + 3 = 20$

我增加了骑自行车，坐巴士和汽车的人数！

3. 写下一个数字算式，以显示乘坐汽车比乘公交车的学生人数少多少。
   $7 - 3 = 4$

第12课： 询问和回答有关三个类别的数据集的各种类型的应用题。

单位的故事　　　　　　　　　　　　　　　　　　　　　　　　第12课家庭作业　1•3

姓名 _____　　日期 _____

这个班有18个学生。星期五,9个学生穿步行鞋,6个学生穿凉拖,3个学生穿长筒靴。使用方块,无缝隙无重叠地组织数据。小心排好你的**方格**。

鞋子 穿鞋 星期五　　　　学生人数　　　　□ = 1名学生

鞋类		
👟		
👡		
🥾		

1. 穿步行鞋的学生比穿凉拖的学生多多少?_____ 个学生

2. 写一个数字算式子,说明询问了多少学生他们周五穿的鞋子。
   _____

3. 写一个数字算式,表明穿长筒靴的比穿步行鞋的同学少多少。
   _____

第12课：　　提出和回答关于三个类别的数据集的各种问题类型。

我们学校的花园已经生长了两个月。以下图表显示了到目前已经收获的各种蔬菜的数量。

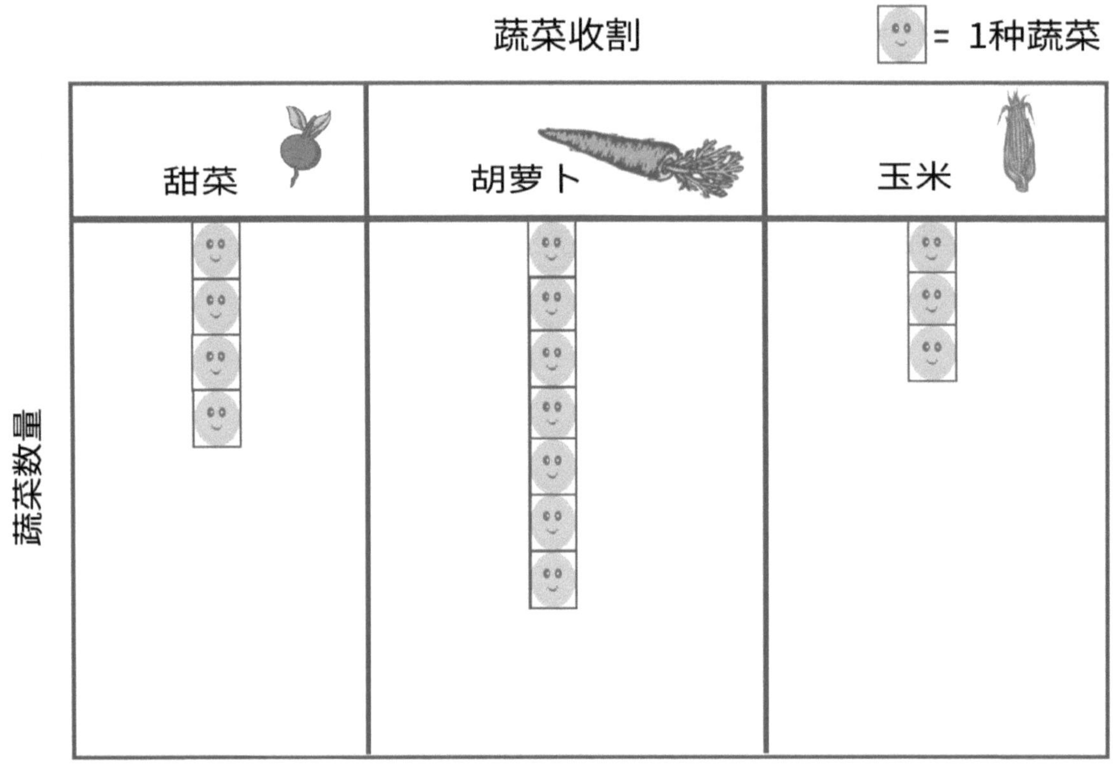

蔬菜收割　　　😊 = 1种蔬菜

甜菜	胡萝卜	玉米
4	7	3

蔬菜数量

4. 共有多少种蔬菜收获了？

_____ 棵蔬菜

5. 收获哪种蔬菜最多？

_____

6. 收获的甜菜比玉米多多少？

甜菜比玉米多 _____

7. 还要收获多少甜菜，才能有已经收获的胡萝卜数量相同？

_____

使用图形回答问题。填空,写一个数字算式。

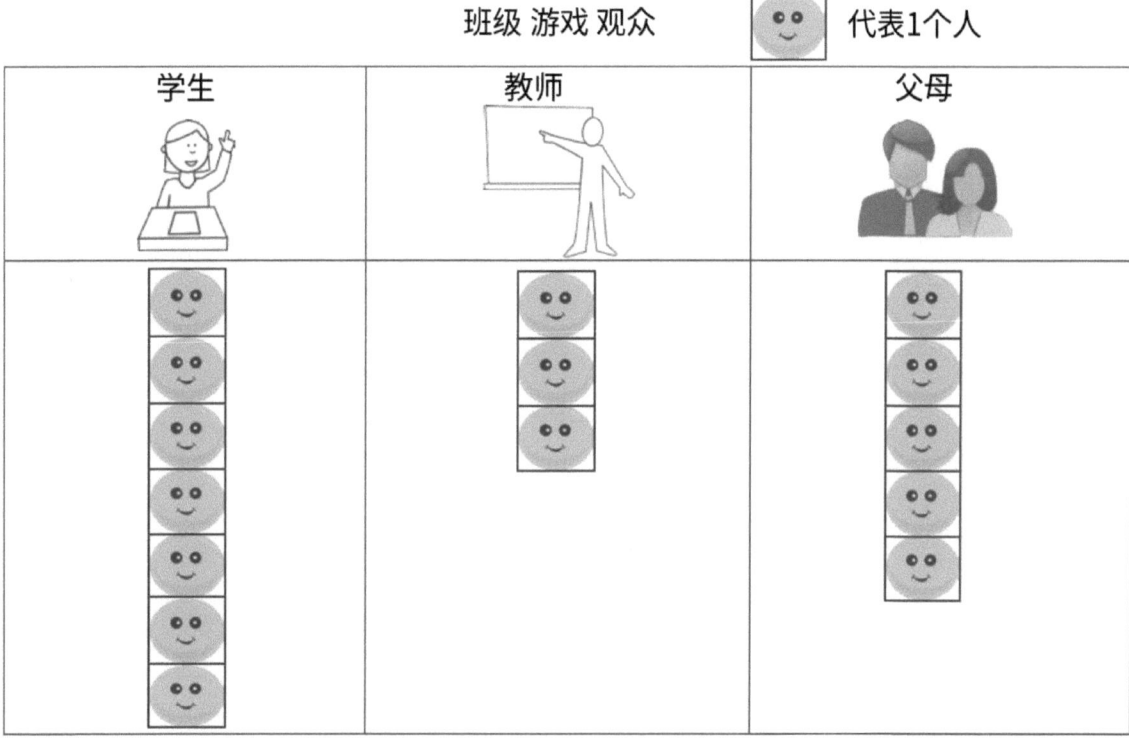

1. 在游戏的学生比老师多多少? <u>7 – 3 = 4</u>

   那里学生比老师多 <u>4人</u> 。

2. 在游戏的家长比学生少多少人? <u>7 – 5 = 2</u>

   家长比学生少 <u>2人</u> 。

3. 如果另有2个老师参加,那里会共有多少人? <u>5 + 5 + 7 = 17</u>

   会有 <u>17人</u> 。

> 通过查看正方形,我可以看到哪个更多,哪个更少。我可以减去以求出多了多少或少了多少。

> 我可以在3位老师中再增加2位老师。这等于5名老师。我知道5位老师和5位父母等于10个人。然后,我可以添加7个学生。10 + 7 = 17

单位的故事

第13课家庭作业

姓名 _____   日期 _____

使用图形回答问题。填空，写一个数字算式。

学校 午餐 订单   = 1名学生

热午餐	三明治	沙拉
(7 students)	(6 students)	(4 students)

1. 热午餐订单比三明治订单多多少？

   热午餐多 _____ 个订单。

   _____

2. 沙拉餐订单比热午餐订单多多少？

   沙拉午餐多 _____ 个订单。

   _____

3. 如果另有5人定热午餐，那里会有多少人定热午餐？

   会有 _____ 人 定热午餐。

   _____

第13课： 提出和回答关于三个类别的数据集的各种问题类型。

使用此表格回答问题。填空,并写一个数字算式。

最喜欢的书

𝍂 = 5名学生

童话	𝍂 𝍂 |	
科学书	𝍂 |||	
诗歌书	𝍂 𝍂 𝍂	

4. 喜欢童话的学生比喜欢科学书的学生多多少?

   多 _____ 个学生喜欢童话。_____

5. 喜欢科学书的学生比喜欢诗歌书的学生少多少?

   多 _____ 个学生喜欢科学书。_____

6. 合计有多少学生选了童话或科学书?

   _____ 学生挑选了童话或科学书。_____

7. 另有多少学生要选科学书,才能和喜欢童话书的人一样多?

   多 _____ 个学生要选科学书。_____

8. 如果另有5个学生稍晚出现,都选了童话书,这会是最受欢迎的书吗? 用一个数字句子来表示你的答案。

   _____

鸣谢

Great Minds®竭尽全力获得转载所有版权教材的许可。如对任何版权材料的拥有人未在此致谢，请联系 Great Minds，以在未来的版本以及本模块的转载中获得正确的致谢。

Printed by Libri Plureos GmbH in Hamburg, Germany